养颜、瘦身、恢复元气的

养生酒

[日] 渡边修 著

梁 广 译

药日本堂 监修

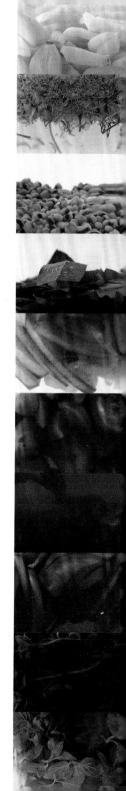

SPM 南方出版传媒

广东科技出版社｜全国优秀出版社

·广州·

图书在版编目（CIP）数据

养颜、瘦身、恢复元气的养生酒 / (日) 渡边修著；梁广译. —广州：广东科技出版社，2021.10

ISBN 978-7-5359-7727-4

Ⅰ.①养… Ⅱ.①渡… ②梁… Ⅲ.①药酒—介绍—日本 Ⅳ.①TS262.91

中国版本图书馆CIP数据核字（2021）第177481号

MIBYO WO NAOSU YAKUZENSHU
written by Osamu Watanabe, supervised by Kusuri Nihondo
Copyright © Osamu Watanabe, 2009
All rights reserved.
Original Japanese edition published by Houken Corp., Tokyo

This Simplified Chinese language edition published by arrangement with Houken Corp., Tokyo
in care of Tuttle-Mori Agency, Inc., Tokyo
through Bardon-Chinese Media Agency, Taipei.

广东省版权局著作权合同登记
图字：19-2021-219号

养颜、瘦身、恢复元气的养生酒
Yangyan Shoushen Huifu Yuanqi de Yangshengjiu

出 版 人：严奉强
责任编辑：刘 耕 曾永琳
责任校对：吴丽霞 黄慧怡
责任印制：彭海波
出版发行：广东科技出版社
　　　　　（广州市环市东路水荫路 11 号 邮政编码：510075）
销售热线：020-37592148 / 37607413
http：//www.gdstp.com.cn
E-mail：gdljzbb@gdstp.com.cn
经　　销：广东新华发行集团股份有限公司
印　　刷：广州市岭美文化科技有限公司
　　　　　（广州市荔湾区花地大道南海南工商贸易区 A 幢
　　　　　邮政编码：510385）
规　　格：890mm×1 240mm 1/32 印张4.5 字数 110 千
版　　次：2021 年 10 月第 1 版
　　　　　2021 年 10 月第 1 次印刷
定　　价：39.80 元

如发现因印装质量问题影响阅读，请与广东科技出版社印制室联系调换（电话：020–37607272）。

前言

听到"养生酒"一词，你会想到什么？

很苦、很难喝、不好闻？请别轻易下结论，

其实这是一个天大的误会。

自古以来，许多日本家庭都会自己酿造梅酒，

这既是养生酒的一种，也是初夏的应景诗。

酸酸甜甜又爽口怡人的梅酒，

能在炎炎夏日清热消暑、滋润身心，

也能有效消除疲劳，增进健康。

同样，黑芝麻、薏米、百里香、鼠尾草、

番茄、苹果等食材，也含有各种不同的药效成分，

只要将这些食材浸泡在浓度适宜的酒中，

就能萃取出对健康有益的精华液，轻松制成养生酒。

本书以在市场就能买得到的食材为主，

精选出50多款能帮助你恢复元气的养生酒，

做法非常简单，请不妨试试看，

相信你一定能找到适合自己的健康养生酒。

目 录
Contents

渡边的
养 生 酒

适合不同体质的复方酒

第3章 了解专家主张,
找到适合自己体质的养生酒 **119**

协助：田辺大　薬王園　渡邊早子
插图：大川紀枝　设计：高橋久美
摄影・协助编辑：アトリエハル：G

本书介绍了用干货、香草、蔬菜、水果等食材
酿造的 50 多款养生酒,
可依照第 122 页和第 123 页的内容, 确认自己的体质,
再选择适合自己体质的养生酒来酿造。

熟成后的养生酒
(过滤前)

食材的归经
(食材发挥作用的部位)

食材的有效成分与功效、专家主张

食材与做法

食材的有效成分

食材的浸泡时间

标签

刚浸泡不久
的养生酒

熟成中的酒液

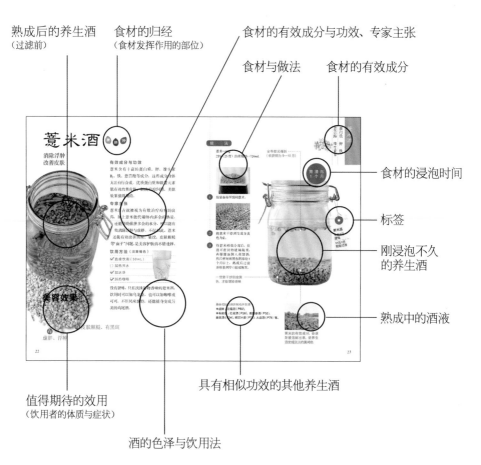

值得期待的效用
(饮用者的体质与症状)

具有相似功效的其他养生酒

酒的色泽与饮用法

注　意
• 养生酒中的"有效成分与功效""专家主张", 基本上是指浸泡的食材本身所具有的功效, 但依据体质与身体状况的差异(包括过敏情形、疾病等), 不同的人对养生酒会有不同的反应, 如果饮用后发现身体不适, 请立刻停止饮用。• 本书所介绍的养生酒, 使用瓶口较宽的密封玻璃瓶酿造。酿造时最好不以长期保存为目的, 而是以少量、能尽快喝完为佳。• 食材的熟成度会影响熟成时间, 温度不同也会造成浸泡时间、色泽、口味上的差异。• 不太能喝酒的人, 或有发热性疾病、发炎性疾病等症状的人, 请按医生指导决定是否饮用。• 孕妇、哺乳期间的妇女、开车者, 请绝对不要饮用。

第 1 章

每天饮用一点点，
慢慢改善体质，
好好享受养生酒的乐趣吧！

耐心且持续地酿造，
慢慢品味养生酒的乐趣

酿造养生酒
首次尝试
酿造草莓酒，
预定
8月15日
开始饮用。

酿造养生酒，最大的乐趣就是能亲手制作独一无二的美酒，用取自大自然的日常常见食材酿造的养生酒，不同于用来补充营养的滋补品，养生酒不但能起到养生作用，还能让我们和家人、朋友一起享受美酒的乐趣，甚至能起到调节情绪、调理身心的作用。虽然有些养生酒具有速效性，不过坚持长期少量饮用，借以改善体质并预防衰老，才是养生酒原本的功能。本书所介绍的养生酒，都以日常常见的食材为主，所以不必太过拘泥在这些养生酒的药效上，不妨将这些养生酒当成水果酒，好好享受饮用的乐趣。当然也可以将几种养生酒调和在一起，加入新鲜果汁调成鸡尾酒，这也是亲手制作独一无二的美酒的一大乐趣。

　　就像每个家庭都有自己的独特口味一样，养生酒也会因为酿造的人不同而有口味上的微妙差异，不妨酿造适合个人口味和体质的养生酒，并在享受美酒的同时，好好地和自己的身体对话，在养生酒的口味与食材上，再多下一点工夫。不过与此同时，也应该熟悉食材的盛产期与功效，因为酿造养生酒，就是一种饮食观念的体现。让我们来开心地酿造养生酒，开心地饮用养生酒，让自己的生活更滋润。

养生酒小故事

有效恢复青春、使精力旺盛的养生酒

黑芝麻酒

　　这是我自己常饮的养生酒。我有一段时间在市场销售的众多烧酒中，拼命选择适合晚上小酌一番的酒。当时因为很喜欢芝麻烧酒的芳香，于是开始自己酿造黑芝麻酒。没想到酿造出来的黑芝麻酒的效果超乎我的预期，不但让我非常满意，更将黑芝麻酒用热开水调开，当成每天晚餐时搭配的养生酒小酌。一段时间后，我发现自己的精力旺盛，虽然有时我不免会怀疑"这会不会是我个人的特殊反应？"但还是建议有兴趣的人，尝试一下，这种养生酒的口味和香气，都非常的棒。

● 黑芝麻酒（P24）

有效改善月经不调的养生酒

红花酒、红枣酒

　　有一位20多岁的女性朋友，告诉我她有月经不调的问题，因此我把能促进血液循环的红花酒和能补血并稳定情绪的红枣酒，以1：2的比例调制成综合养生酒，然后推荐给她喝。刚开始她还半信半疑，但我强烈建议她先尝试一下，过了一段时间，她告诉我确实有效，还问我如何调制，我也很详细地向她介绍了酿造方法。不过据她说，在月经来潮的那段时间里，饮用后会增加出血量，所以建议各位女性朋友，这段期间最好不要喝。用番红花酿造的养生酒，似乎也有相同的效果，不过价格会比较贵一点。

● 红花酒（P26）
● 红枣酒（P20）

生姜酒、山楂酒、高丽参酒

朋友的太太，一直为身体虚冷而烦恼不已，于是来找我咨询，我就将几种养生酒混合在一起，调制成综合养生酒给她。她"全身都虚冷"，属于脾胃较弱、肤色苍白的人，也就是中医所称脾胃虚寒的体质，因此我以具有温热身体作用的生姜酒为主，加进少量可促进消化的山楂酒，以及能大补元气和补血的高丽参酒，调制成特制的综合养生酒。完成后我请她立刻尝试。经过一段时间，她的体质慢慢增强，虚冷的情形也逐渐缓解，据她说，她现在每天都会喝一小杯这种养生酒。

- 生姜酒（P70）
- 山楂酒（P28）
- 高丽参酒（P32）

调制综合养生酒的诀窍

要将酿造完成的几种养生酒调和在一起时，不必想得太复杂，只要以功效为主来思考就行了。例如寒冷时，就混合能温热身体的食材所酿造出来的养生酒，湿热时，就混合能祛湿的食材所酿造出来的养生酒。

不过若混合太多种养生酒，彼此之间的功效也许会有冲突，甚至造成口味不搭的情形，所以最好以3种养生酒为上限。一般来说蔬菜酒搭配香草酒，水果酒搭配干货酒，调制出来的综合酒会比较对味。多种尝试，从中找出自己独创的综合养生酒，也是酿造与品尝养生酒的乐趣之一。

用日常买得到的普通食材，来酿造养生酒。

要酿造本书所介绍的养生酒，并不需要准备特别的食材，因为基本上要浸泡的干货、香草、蔬菜、水果等，都是市场、超市等常见的食材。

其实我们平时常见的食材中，含有各种不同的药效成分。将这些食材酿造成养生酒，其中的一大原因，就是这些食材的药效成分通常容易溶解在水或酒精里，而且采用酿造的方式不用加热。这样不但能有效避免挥发性较高的药效成分的消失，如薰衣草的香气等因加热而消失，还能将这些药效成分永远留存在酒精里。再说酒精具有促进血液循环的作用，能让身体变暖，对改善身体虚寒效果极佳。

养生酒就是将食材浸泡在基酒（蒸馏酒等）里，这么简单的做法，不论谁都会做，而且还能让人充分享受自己酿造、自己饮用的乐趣。本书考虑了食材本身的水分含量，所介绍的基本上是酿造好后，酒精浓度在 20%（20 度）以上的养生酒，因为达到一定浓度的养生酒，才有利于保存。

这里也要说明一下养生酒的缺点。由于养生酒毕竟也是酒，不能喝酒的人，请不要轻易尝试。不过依据食材不同，有些养生酒可以加水煮沸，将酒精蒸发掉后饮用。此外，即使没有酒精的摄取问题，也应根据个人的体质来选择养生酒，这也是自己酿造养生酒的又一乐趣。可以直接参考本书第三章有关体质确认的内容，明白自己的体质后，再选择适合自己体质的养生酒。

一般来说，养生酒并不是饮用后立即见效，所以应持续饮用一段时间（2～4周）。最好每天坚持少量饮用，建议用小酒杯（约30mL）每天1杯，可以佐餐，也可以选择其他饮用方法。唯有坚持饮用，才能逐渐感受到养生酒的功效和乐趣。

养生酒要每天
坚持少量饮用，
才会有效果。

养生酒的功效

● **容易萃取**
不但能萃取食材的水溶性成分，
还能萃取食材被酒精溶解出来的成分。

● **与酒精之间的相乘功效**
酒精具有很多功效，例如温暖身体、增进食欲、帮助睡眠、消除疲劳、缓解压力等。

● **吸收快速**
食材中的药效成分被酒精溶解出来，吸收速度会比直接食用食材快。

● **利于保存**
酒精有利于提高食材的保存期限。

● **自己酿造的乐趣**

食材	归经	内文页码	体 内脏功能 UP				体 健康力 UP					
			脾胃弱、消化不良	有便秘倾向	有腹泻倾向	炎夏乏力	头晕、发热	肩膀酸痛	头痛	腹痛	眼睛疲劳	声音沙哑、咳嗽
梅子	肝、脾、肺	12	●		▲	●	●					
枸杞子	肝、肾	18									●	
红枣	脾、肾	20	▲			●						
薏米	脾、肺、肾	22	▲		▲							
黑芝麻	肝、肾	24	▲			▲						
红花	肝、心	26						▲	▲			
山楂	肝、脾	28	●		●							
栀子	肝、心、肺	30						▲				▲
高丽参	脾、肺	32	●		●	▲						
姜黄	肝、脾	34	▲					▲	▲			
菊花	肝、肺	36					●				●	
黑豆	脾、肾	38		▲								
干香菇	肝	40	●	●	●							
迷迭香	肝、肾	44	▲					▲	▲			
洋甘菊	肝、脾	46	▲		●					▲		
月桂叶	脾、肾	48	●	▲	▲							
百里香	脾、肺	50			▲				▲			●
鼠尾草	脾、肺、肾	52	▲	▲	▲							●
肉桂	肝、脾、肾	54	▲	▲						▲		
薰衣草	心、肺	56	▲							▲		
薄荷	肝、肺	58	▲						●		●	
豆蔻	脾、肺	60	●	●								
荷兰芹	肝、肺	62	▲								▲	
番茄	肝、脾	66	▲									

●本书所介绍的主要功效　▲上述以外的功效

一览表

	体 免疫力 UP					心 有效舒缓压力				恢复青春的效果					美容效果				
喉咙干渴	疲劳	轻微感冒	花粉症	瘀血	贫血	失眠	忧郁	心浮气躁	欲呕	强身、固精	月经不调、经前期综合征	更年期综合征	腰腿的老化	健忘	虚胖	浮肿	皮肤干燥、肤质粗糙	黑眼圈、黑斑	白发、掉发
	▲					▲													
●	▲									▲			▲					●	
	▲				●	▲	●	●		▲							▲		
	▲			▲											●	●	●	●	
	▲				▲					●		▲	▲	●					●
				●	●							●	●					▲	
				●															
						●	▲	▲	●		▲	●				▲	▲		
	▲	▲		●	●	▲	▲	▲				▲							
		▲	▲													▲			
				●	●	▲						●			▲	●	▲	●	
		●			●														
	▲			▲		●	▲		●	▲		▲	▲				●	●	
		●				●	●	●	▲										
	▲	▲						▲									▲		●
		●				●													
	●	●			●					▲									
▲										●	●	●	●						
		▲				●											●	●	
		▲					●	●									▲		
									▲						▲				
			●		●					●									
●	●	●				▲													

9

食材	归经	内文页码	体内脏功能 UP			体健康力 UP						
			脾胃弱、消化不良	有便秘倾向	有腹泻倾向	炎夏乏力	头晕、发热	肩膀酸痛	头痛	腹痛	眼睛疲劳	声音沙哑、咳嗽
山药	脾、肺、肾	68	●		▲							
生姜	脾、肺	70	●	●	●							●
明日叶	肺、肾	72	▲	▲				▲	▲			
山独活	肾	74	▲				●	●	●			
西洋芹	肝、肺	76					●		●		▲	
大蒜	脾、肺	78		●	▲							
苦瓜	心	80				●	●				▲	
洋葱	肝、脾	82	●				●					
紫苏	脾、肺	84	▲									▲
草莓	肝、肺	88		●	●							
奇异果	脾、肾	90	▲	▲	▲							
橘子	脾、肺	92	▲									●
苹果	心、脾、肺	94	●	●	●							
无花果	脾、肺	96	●	●	●							●
蓝莓	肝、肾	98	●	●							●	
蔓越莓	肺、肾	100		▲	▲							
荔枝	肝、脾	102	▲						▲	▲		
莲子	心、脾、肾	108	●		●							
茴香	肝、脾、肾	110	●								▲	
陈皮	脾、肺	110	●		▲						▲	●
百合	心、肺	112										●
松子	肝、肺、肾	114		▲								▲
松叶	心、脾	117	▲	▲				▲				
竹叶	心	117	▲	▲			●					
艾草	肝、脾、肾	118			▲						▲	
蒲公英	肝	118	▲					▲				

免疫力 UP						有效舒缓压力				恢复青春的效果					美容效果				
喉咙干渴	疲劳	轻微感冒	花粉症	瘀血	贫血	失眠	忧郁	心浮气躁	欲呕	强身、固精	月经不调、经前期综合征	更年期综合征	腰腿的老化	健忘	虚胖	浮肿	皮肤干燥、肤质粗糙	黑眼圈、黑斑	白发、掉发
▲	▲									●			▲	●					
		●							▲	▲			▲						
	●		●	●						▲						▲	▲		
	▲									▲						▲			
	●	●		●						▲						▲			
▲	▲															●			
	▲			▲		▲				▲									
	●		●				●	●											
	▲			▲						▲						●	▲	●	
▲	▲						▲	●	●	▲						●	●		
●		●		●						▲									
▲	▲								▲								●	●	
●																			
	●									▲									
	▲															●	●		
▲					▲	●	●	▲		●						▲			
	▲					●	●	▲				▲							
									●		▲	▲							
									●										
●						▲	●									▲			
					▲											●			●
						▲				●			●	●					▲
						●	●	▲								▲			
												●						●	
	▲				●					●							●	●	

梅酒

众人熟悉的
梅酒也是
养生酒！

梅酒能有效滋润燥热的身体，并促进消化，也能协调水分的代谢，对于消除酷暑带来的疲劳非常有效。

肝 能促进气血的循环。

脾 能帮助消化与吸收养分。

肺 能协调水分代谢以及呼吸功能。

※ 有关肝、脾、肺所揭示的意义，请参照第124页至第129页的相关内容。

做　　法

青梅···300g
酒精浓度35%（35度）的蒸馏酒···600mL
白砂糖···100g

1 按量备好所需的青梅和白砂糖。
2 将青梅洗净后沥干水分。
3 将青梅和白砂糖放进密封的玻璃瓶里，再慢慢地倒入蒸馏酒。
4 放置在阴凉处1年以上，等完全熟成后，再将梅酒过滤并移装到窄口玻璃瓶里。

Tips

白砂糖过少时，梅酒的熟成速度会比较慢。
若不加白砂糖，就不容易萃取出全部的梅子液。
●青梅的盛产期：6—7月。
■需酿造1年才能完成。

第 2 章

用最常见的普通食材

初次酿造的人也能轻松学会。

快快来酿造值得你期待的养生酒吧！

主要工具

养生酒是经过浸泡、熟成、过滤完成的。

浸泡食材用的宽口玻璃瓶

本书使用 1000mL 的宽口玻璃瓶。

标签、标志牌

标明食材名称、浸泡日期、过滤日期等内容。

磅秤

量杯

500 ~ 1000mL 的量杯比较方便使用。

滤网、茶叶滤网、小盆

用来过滤蔬菜或香草等较大的食材。

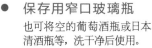

咖啡专用过滤器、滤纸

用来过滤粉末状或颗粒状的食材。滤纸也可以用厨房纸巾或纱布等替代。

保存用窄口玻璃瓶

也可将空的葡萄酒瓶或日本清酒瓶等,洗干净后使用。

漏斗

14

基本顺序

将容器洗净并晾干

计量食材与事前准备 　洗净、沥干、干燥、削皮、切块等。

准备副食材 　将柠檬去皮、切片或甜味调味料的计量等。

计量基酒

浸泡

制作标签、标志牌 　标明食材名称、用量、浸泡日期、预定的过滤日期等内容。

熟成与搅拌 　经常晃动一下玻璃瓶，让基酒漫过所有食材。

过滤与保存 　移装到窄口玻璃瓶里，保存在容易取用之处。

柠檬的事前准备

将柠檬皮削厚一点，连白色的软皮也一起削掉，只使用里面的柠檬果肉。

将柠檬果肉切成 3 ~ 5mm 的薄片，柠檬核也可以一起加进去浸泡。

过　滤

较大的食材
捞起蔬菜或香草等较大的食材时，可以使用滤网和小盆；捞起切碎的药材等较细的食材时，使用茶叶滤网会比较方便。

粉末状或颗粒状食材
过滤粉末状或颗粒状的食材时，可以使用咖啡专用过滤器或滤纸。

重　点

食　材　● 干燥类食材，最怕湿气引发的发霉问题，最好选用保存良好的干燥食材

● 蔬菜、水果和香草类食材，应选用当季且新鲜的食材

● 因为皮下多具有有效成分，食材的皮和籽等部位应全部放入基酒中浸泡

原　酒　● 基酒可以使用蒸馏酒（米酒、高粱酒、伏特加）、葡萄酒、绍兴酒等

● 基酒的浓度与食材的水分

本书将浸泡完成后的养生酒酒精浓度基本上设定在 20%（20 度）以上。所以浸泡水分较多的新鲜食材时，使用 35%（35 度）的蒸馏酒；浸泡干燥类食材时，使用 25%（25 度）的蒸馏酒。若使用葡萄酒或绍兴酒浸泡时，因酒精浓度较低，所以要同时加入 35%（35 度）的蒸馏酒一起浸泡。

甜味调味料 ● 甜味调味料可以使用冰糖、白砂糖、红糖、蜂蜜、枫糖浆等

● 浸泡时不能放太多

若按冰糖袋上所标"基酒 1800mL 对应 1kg 的冰糖"为准，则浸泡完成后的养生酒甜度，约为 30%，略甜了一些，所以要使用这类甜味调味料时，最好以"基酒 1800mL 对应 150 ~ 300g 冰糖"为标准，而实际饮用时若觉得不够甜，再加入蜂蜜等甜味调味料即可。相反的，要浸泡果肉较硬的青梅等食材时，如果糖分浓度过低，萃取和熟成的速度，就会非常缓慢。

过　　滤 ● 食材浸泡后需在适当时期过滤，不可置之不管

酿造养生酒时，最常见的失败原因，就是将食材浸泡在酒中，就置之不管，完全没有过滤，致使食材溶化后出现混浊或氧化的情况，结果产生异味。这样的养生酒已经劣化了。酿造养生酒时，一定要参考本书所介绍的浸泡方法，并依据食材和酒的色泽、香气等，在适当的时段进行过滤。为了方便日后的饮用，应将过滤后的养生酒，移到窄口玻璃瓶里，同时注意别混入杂质。

保　　存 ● 玻璃瓶应放在阴凉处

熟成期间的玻璃瓶，应放置在温度较低且恒定的地方，避免阳光照射。

● 容易熟成的食材应在 1 个月内饮用完

本书所介绍的养生酒，以浸泡后 3 个月内就能饮用的养生酒为主。为了可以在 1 个月内喝完，最好使用 1000mL 的宽口玻璃瓶。若想浸泡当季的食材，在食材过季后还能饮用到，则不妨多酿造一些，过滤贮存起来。贮存的养生酒，基本上没有所谓的饮用期限，不过最好还是早点饮用完。养生酒的色泽，会随着时间的延长而产生变化，虽然基本上不会腐坏，但如在意色泽则不必勉强饮用。

枸杞子酒  肝 肾

能缓解眼睛的疲劳
使肌肤美丽

健康力
UP

身体 眼睛疲劳、喉咙干渴

皮肤干燥、肤质粗糙

有效成分与功效

枸杞子中含有甜菜碱，能强化肝功能，同时具有预防皮肤粗糙的作用；枸杞子的另一种有效成分玉米黄素，则能保护视网膜，能预防年龄增大所带来的眼睛疾病，缓解眼睛疲劳等。

专家主张

中药材里，枸杞的果实称为枸杞子，根皮则称为地骨皮。枸杞子在中国和韩国，一向被视为抗衰老的妙药，广泛应用在汤水和养生酒里，因为枸杞子能促进肝的功能，具有保护肝脏和明目的作用。枸杞子还能促进肾的功能，具有预防肌肤老化、改善腰腿酸软的作用。

饮用方法（红褐色）

☑直接饮用（30mL）
□加热开水
☑加冰块
☑中式炖煮菜肴

可以加冰块当成餐前酒，也可以与高丽参酒、红枣酒或山楂酒等调在一起喝，以提升滋补的效果。还可当成料酒，用来炖煮食物，不但能使菜肴的味道更浓郁，更能快速将普通的家常菜变成一款美味的地道养生菜。

做　法

枸杞子…60g
25%（25度）的蒸馏酒…720mL
柠檬…1个

全年都买得到
（收获期为秋季）

想早点酿造好可以将
枸杞子对半切开浸泡，
就会比较快熟成

需 浸 泡
2 个 月

① 按量备好所需的枸杞子。

枸杞子酒
11月1日
浸泡
1月1日
预定过滤

② 将柠檬去皮后切片。

③ 将枸杞子和柠檬片放进
可密封的玻璃瓶里，再
慢慢地倒入蒸馏酒，然
后密封放置在阴凉处2
个月以上，熟成后过滤
并移装到窄口玻璃瓶里。

过滤时，应先慢慢地滤
起上层比较清澈的部分，
之后再将沉淀较多的部
分滤过移装到别的玻璃
瓶里，并先饮用这部分

熟成中，沉淀物会堆
积在瓶底

具有相似功效的其他养生酒
●眼睛疲劳：菊花酒（P36）、薄荷酒（P58）、蓝莓酒（P98）等。
●皮肤干燥、肤质粗糙：迷迭香酒（P44）、奇异果酒（P90）、
蔓越莓酒（P100）等。

若能在浸泡的2个月中
都不去动食材，就能酿
造出具有甜味的养生酒

19

红枣酒 （脾）（肾）

改善贫血症状
消除身心疲劳

有效舒缓
压力

（心理）忧郁、心浮气躁
（身体）炎夏乏力、贫血

有效成分与功效

红枣所含的有效成分，包括具有降血脂作用的皂苷，帮助形成健康红细胞和促进骨骼生长的叶酸，以及在血液里负责输送氧气的铁等。红枣酒非常适合贫血且易疲劳的人饮用。

专家主张

有一句俗语是："一天三枣，终生不老！"，可见红枣是非常有效的美容食品。出现食欲差、身体疲倦，可能是脾较为虚弱，此时吃红枣，能有效促进肠胃功能，进而改善消化器官的功能。红枣还能有效补充体液，促进血液循环，也能补血安神，进而改善心浮气躁、情绪不稳、贫血和疲劳等症状。

饮用方法（深琥珀色）

☑直接饮用（30mL）

☐加热开水

☑加冰块

☑与肉桂酒或生姜酒调制成鸡尾酒

这是一种浓郁又带有甜味的养生酒，喝起来非常顺口又温和，若与肉桂酒或生姜酒等这些香气及风味较浓郁的养生酒一起饮用，喝起来会更美味。红枣酒比较适合作为餐后酒或睡前酒饮用。

做　　法

红枣…80g
25%（25 度）的蒸馏酒…720mL
柠檬…1 个
白砂糖…50g

① 按量备好所需的红枣和
白砂糖。

② 直接用手将红枣撕成小
块。

③ 将柠檬去皮后切片。

④ 将红枣、柠檬片和白砂
糖放进可密封的玻璃瓶
里，再慢慢地倒入蒸馏
酒，然后密封放置在阴
凉处 1 个月以上，熟成后
过滤并移装到窄口玻璃
瓶里。

具有相似功效的其他养生酒
●心浮气躁：姜黄酒（P34）、
薄荷酒（P58）、
紫苏酒（P84）等。
●炎夏乏力：梅酒（P12）、
高丽参酒（P32）、
苦瓜酒（P80）。

全年都买得到
（收获期为 9—10 月）

需 浸 泡
1 个 月

红枣酒
10月1日
浸泡
11月1日
预定过滤

使用撕成小块的红枣，
会比较快熟成

熟成的过程中，酒的琥
珀色会变得越来越深，
口味也会变得越来越温
和

薏米酒  脾 肺 肾

消除浮肿
改善皮肤

有效成分与功效

薏米含有丰富的蛋白质、钾、维生素 B_1、铁、薏苡酯等成分，这些成分身体无法自行合成。优质蛋白质和微量元素能有效改善皮肤、解决痘痘问题，美肤效果值得期待。

专家主张

薏米自古就被视为有效治疗痘痘的良药，加上薏米能代谢体内多余的热量，还能帮助排泄多余的水分，所以能有效消除浮肿与虚胖。不仅如此，薏米还能有效改善黑斑、皱纹、皮肤粗糙等"面子"问题，是美容护肤的不错选择。

饮用方法（淡黄褐色）

- ☑ 直接饮用（30mL）
- ☐ 加热开水
- ☑ 加冰块
- ☑ 加热咖啡

没有腥味，只有淡淡谷物香味的薏米酒，饮用时可以加乌龙茶，也可以加咖啡或可可，不但风味独特，还能摇身变成另类的鸡尾酒。

美容效果

♀ 皮肤粗糙、有黑斑

♂♀ 虚胖、浮肿

22

做　　法

薏米…80g
25%（25 度）的蒸馏酒…720mL

全年都买得到
（收获期为 9—10 月）

需浸泡
1 个月

1 按量备好所需的薏米。

2 将薏米干炒到变成金黄
色为止。

3 待薏米稍微冷却后，放
进可密封的玻璃瓶里，
再慢慢地倒入蒸馏酒，
然后密封放置在阴凉处 1
个月以上，熟成后过滤
并移装到窄口玻璃瓶里。

一定要干炒到金黄
色，才能增添香味

薏米酒
10月1日
浸泡

11月1日
预定过滤

具有相似功效的其他养生酒
●虚胖：豆蔻酒（P60）。
●有瘀血：红花酒（P26）、高丽参酒（P32）、
姜黄酒（P34）、明日叶酒（P72）、大蒜酒（P78）等。

薏米的有效成分，会逐
渐被溶解出来，使养生
酒变成淡淡的黄褐色

黑芝麻酒  肝 肾

恢复元气
重拾青春

有效成分与功效
黑芝麻含有能保护肝脏的芝麻素，能降低胆固醇的不饱和脂肪酸，以及能调节激素平衡的维生素E等有效成分，因此具有抗氧化与抗衰老的作用。由于这些成分很容易溶解在酒精里，所以酿造成养生酒来饮用，是非常有效的养生方式。

专家主张
古人认为"黑色食材是元气的来源"，所以中药材里也经常用到黑芝麻。黑芝麻味甘、性平，归肝、肾经，具有补肝肾、益精血、润肠燥的作用，所以能有效滋润肠胃与皮肤。黑芝麻还能有效预防头发干枯和皮肤干燥，进而恢复元气。所以若觉得自己的腰、腿开始老化，或是精力有所减退，不妨饮用这种黑芝麻养生酒。

**恢复青春
的效果**

强身、固精
白发、掉发、健忘

饮用方法（浅灰色）

☑ 直接饮用（30mL）
☑ 加热开水
☑ 加冰块
☑ 加热牛奶

若要当成餐中酒，就加冰块或加热开水；若要当成餐后酒或睡前酒，就加蜂蜜等甜味调味料或加牛奶，美味又养生。

全年都买得到
（收获期为秋季）

维生素 E

芝麻素 不饱和脂肪酸

黑芝麻酒

做　法

黑芝麻…80g
25%（25 度）的蒸馏酒…720mL

需浸泡
2 星期

1 按量备好所需的黑芝麻。

2 将黑芝麻干炒到快冒烟为止。

3 等黑芝麻稍微冷却后，放进可密封的玻璃瓶里，再慢慢地倒入蒸馏酒，然后密封放置在阴凉处2 星期以上，熟成后过滤并移装到窄口玻璃瓶里。

使用新鲜的黑芝麻，能酿造出香气十足的美味养生酒

具有相似功效的其他养生酒
●健忘：山药酒（P68）、松叶酒（P117）。
●白发、掉发：黑豆酒（P38）、月桂叶酒（P48）、松子酒（P114）等。

黑芝麻酒
12 月1 日
浸泡
12 月15 日
预定过滤

黑芝麻会逐渐往下沉，最后成为沉淀物

倒入蒸馏酒后，黑芝麻的有效成分就会逐渐被溶解出来

以 3 个月为极限，必须在期限内将食材捞出

25

红花酒 肝 心

消除女性特有的不适症状
让女性变得更有活力

**恢复青春
的效果**

身体
瘀血、贫血

♂♀
月经不调、经前期综合
征、更年期综合征

有效成分与功效

红花最具特征的有效成分包括红花黄色素、红花苷等色素成分，以及降低胆固醇的不饱和脂肪酸、调节激素平衡的维生素 E 等，能有效改善女性月经不调。

专家主张

红花经常被用来治疗血液瘀滞、月经不调、经前期综合征（PMS）、更年期综合征等。由于红花能去除瘀血，并有效消除肌肉僵硬与疼痛的症状，所以红花酒非常适合肩膀酸痛或腰痛的人饮用。不过若在经期饮用，有可能会增加经血量，甚至造成月经不止，请咨询医生后饮用。怀孕中的妇女，也要避免饮用。

饮用方法（绍兴酒色）

☑ 直接饮用（30mL）

☑ 加热开水

☑ 加冰块

☑ 温热、中式汤

由于这种养生酒是以绍兴酒浸泡，所以很适合与中式菜肴搭配，不妨用来卤东坡肉或煮汤，炒韭菜猪肝时也可适量加入，作为日常中式菜肴的调味料酒使用，非常健康。

做　　法

红花（干燥）…10g
绍兴酒…450mL
35%（35度）的蒸馏酒…450mL
白砂糖…50g

全年都买得到——
（收获期为夏季）

需 浸 泡
1 星 期

① 分别按量备好所需的红花和白砂糖。

② 将红花和白砂糖放进可密封的玻璃瓶里，再慢慢地倒入绍兴酒和蒸馏酒，然后密封放置在阴凉处1星期以上，熟成后过滤并移装到窄口玻璃瓶里。

红花酒

8月1日
浸泡
- - - - - -
8月8日
预定过滤

具有相似功效的其他养生酒
●月经不调、经前期综合征：肉桂酒（P54）、荔枝酒（P102）等。
●瘀血：红花酒（P26）、山楂酒（P28）、黑豆酒（P38）等。

一倒入蒸馏酒后，就会立刻变成漂亮的红色养生酒

山楂酒 肝 脾

调理脾胃功能
度过健康舒适的每一天

内脏功能
UP

身体 瘀血

身体 脾胃弱、消化不良、
有腹泻倾向

有效成分与功效

山楂所含的脂肪分解酶，能够促进消化
调理脾胃功能，而山楂所含的类黄酮，
更具有抗氧化作用，能强化微血管和血
管壁，有效改善血液循环。

专家主张

山楂能治疗因食肉过多造成的消化不
良，也能促进脾的运化，进而增强消化
功能，有效改善腹胀、胃痛和食欲
不振等症状。由于山楂能有效促进
血液循环，非常适用于血行不畅而导
致体内废物囤积的人饮用。此外，山
楂还可用于瘦身消脂。

饮用方法（偏红的琥珀色）

☑ 直接饮用（30mL）

☑ 加热开水

☑ 加冰块

☑ 制作中式调味酱

由于山楂酒能增强消化功能，所以最有
效的饮用方式，就是当成餐前酒喝。此
外，在用醋调制中式调味酱时，若能将
一半的醋，改用山楂酒代替，食用起来
别有风味。

做　法

山楂（粉）…60g
25%（25度）的蒸馏酒…720mL
柠檬…1 个
白砂糖…50g

① 分别按量备好所需的山楂和白砂糖。

② 将柠檬去皮后切片。

③ 将山楂、柠檬片和白砂糖，放进可密封的玻璃瓶里，再慢慢地倒入蒸馏酒，然后密封放置在阴凉处 1 星期以上，熟成后过滤并移装到窄口玻璃瓶里。

偶尔摇晃一下玻璃瓶，让食材充分混合在一起

全年都买得到

需浸泡
1 星期

山楂酒
6 月 1 日
浸泡

6 月 8 日
预定过滤

具有相似功效的其他养生酒
● 脾胃弱、消化不良：豆蔻酒（P60）、生姜酒（P70）、无花果酒（P96）等。
● 有腹泻倾向：高丽参酒（P32）、洋甘菊酒（P46）、生姜酒（P70）等。

使用切碎的山楂浸泡，可以避免出现混浊，但萃取需要 1 个月的时间

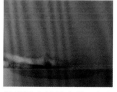

使用粉末状的山楂，会出现混浊的情况，粉末也会沉淀在玻璃瓶底

栀子酒  肝 心 肺

消除胸闷
缓解不安的情绪

有效成分与功效

栀子的有效成分之一藏红花素，经常被用作染色剂，在煮栗子或腌萝卜时使用。栀子所含的藏红花素和类黄酮，都具有非常好的抗氧化作用。

专家主张

栀子一向被认为能治疗胸闷和消除黄疸。由于栀子苦寒，有清心除烦、清利肝胆湿热的功效，能有效消除头晕和身体发烫，也能帮助稳定情绪，因此非常适合有更年期综合征的人和心绪不宁的人饮用。此外，因不安而失眠或喉咙有异物感时，也很适合饮用这种养生酒。

饮用方法（荧光黄橙色）

☑ 直接饮用（30mL）
☐ 加热开水
☑ 加冰块
☑ 加蜂蜜

由于这种养生酒带有淡淡的苦味，不妨加入蜂蜜等甜味调味料来改善口感。煮栗子时，若想将这种养生酒作为染色剂使用，浸泡时就不能加入柠檬。

有效舒缓
压力

心理 失眠、欲呕

更年期综合征

做　法

栀子（干燥）…50g
25%（25 度）的蒸馏酒…720mL
柠檬…1 个

全年都买得到
（收获期为 10—11 月）

需浸泡
2 星期

① 按量备好所需的栀子。

② 用食物剪刀将栀子剪成
5mm 左右的小块。

③ 将柠檬去皮后切片。

④ 将栀子和柠檬片放进可
密封的玻璃瓶里，再慢
慢地倒入蒸馏酒，然后
密封放置在阴凉处 2 星
期以上，熟成后过滤并
移装到窄口玻璃瓶里。

栀子酒
3 月 1 日
浸泡

3 月 15 日
预定过滤

具有相似功效的其他养生酒
●欲呕：姜黄酒（P34）、奇异果酒（P90）等。
●更年期综合征：红花酒（P26）、
肉桂酒（P54）等。

一倒入蒸馏酒后，就会
立刻变成漂亮的黄红色
养生酒

高丽参酒  脾 肺

强健身心恢复元气

有效成分与功效

高丽参是五加科植物，所含的有效成分人参皂苷，具有很强的脂肪分解力，能促进养分的消化与吸收，还能促进新陈代谢，提高免疫力。高丽参还有防癌抗癌、调节血压、抗疲劳等功效。

专家主张

高丽参一向被认为能补充元气，尤其是体质差的人，最适合食用。高丽参还具有安定心神的作用，能让疲惫不堪的身心重新焕发活力。高丽参能有效缓解口渴、肠胃不适、腹泻和手脚虚冷等症状。不过肌肉型体力好的人，并不适合饮用高丽参酒。

饮用方法（淡黄色至琥珀色）

☑ 直接饮用（30mL）
☑ 加热开水
☑ 加冰块
☑ 加豆浆

因为带有人参气味，饮用时不妨加入甜味或自己喜欢的其他养生酒，以改善口感。加入其他食材炖煮或加入火锅里，可烹出能增加活力的养生美食。

免疫力
UP

身体
瘀血、贫血

身体
脾胃弱、消化不良、有腹泻倾向

人参皂苷

高丽参酒

做 法

高丽参（干燥、切碎）…50g
25%（25 度）的蒸馏酒…720mL

全年都买得到
（新鲜高丽参的
收获期为 10—11 月）

需浸泡
1 个月

1 按量备好所需的高丽参。

2 将高丽参放进可密封的玻璃瓶里，再慢慢地倒入蒸馏酒，然后密封放置在阴凉处 1 个月以上，熟成后过滤并移装到窄口玻璃瓶里。

高丽参酒
10 月1日
浸泡
11 月1日
预定过滤

过滤时，应该先慢慢地过滤上层比较清澈的部分，而沉淀的部分因为比较容易变质，必须移装到别的玻璃瓶里，并要先饮用这部分养生酒

具有相似功效的其他养生酒
●瘀血、贫血：红花酒（P26）、黑豆酒（P38）等。
●脾胃弱、消化不良、有腹泻倾向：山楂酒（P28）、洋甘菊酒（P46）、山药酒（P68）等。

熟成中，会出现白色的混浊物

33

姜黄酒  肝 脾

让人从心浮气躁与压力中
得到解脱

有效成分与功效

姜黄所含的姜黄素，能强化肝功能并能
促进胆汁分泌，保肝利胆的功效显著，
还能有效缓解压力。

专家主张

姜黄味辛、苦，性温，归肝、脾经。具
有活血行气、痛经止痛的作用。月经不
调与经前期综合征等，都是瘀血所引起
的症状，只要设法让气和血运行顺畅，
就能缓解这些症状，也能有效缓解
心浮气躁、忧郁和头晕等症状。此外，
姜黄的苦味能调理脾胃，因此能有效
改善肠胃的不适，非常适合压力大的人
饮用。

饮用方法（带黄橙色）

☑ 直接饮用（30mL）

□ 加热开水

☑ 加冰块

☑ 加蜂蜜、柠檬

由于苦味较强，不妨加点甜味调味料饮
用，会改善口感。也可以加啤酒饮用，
别有风味。

有效舒缓
压力

心理 心浮气躁、欲呕

身体 瘀血

做　法

姜黄（干燥、切碎）…60g
25%（25度）的蒸馏酒…720mL

全年都买得到
（收获期为秋季）

需 浸 泡
1 个 月

① 按量备好所需的姜黄。

② 将姜黄放进可密封的玻璃瓶里，再慢慢地倒入蒸馏酒，然后密封放置在阴凉处1个月以上，熟成后过滤并移装到窄口玻璃瓶里。

若使用姜黄粉，虽然会出现混浊，但只需1星期就能酿造完成

姜黄酒
7月1日
浸泡

8月1日
预定过滤

具有相似功效的其他养生酒
●欲呕：栀子酒（P30）、奇异果酒（P90）等。

倒入蒸馏酒后，姜黄的有效成分就会逐渐被溶解出来

菊花酒 肝 肺

缓解眼睛疲劳
安定自律神经

健康力
UP

身体 头晕、发热

身体 眼睛疲劳、瘀血

有效成分与功效

具有超强的抗氧化作用，能保护眼睛，少受紫外线损害，同时含有能预防细胞老化的叶黄素和能安定自律神经、舒缓压力的菊花精油，以及能降血脂的皂苷等。

专家主张

菊花被认为能有效治疗人体上半身的发炎症状，尤其对治疗眼睛的疾病最有效。菊花能促进肝的功能，进而加强气的运行，能有效改善头晕与发热等症状。菊花还能改善被称为"肝之窗"的与肝有密切关系的眼睛，缓解眼睛疲劳和充血等症状，非常适合于用眼过度或有花粉症的人饮用。这种养生酒还具有很强的杀菌能力，所以也能用来预防感冒。

饮用方法（深琥珀色）

☑ 直接饮用（30mL）

☐ 加热开水

☑ 加冰块

☑ 加日本酒调制成鸡尾酒

味道微和香气独特的菊花酒，是重阳节（农历九月九日）应节的养生酒。

做　　法

菊花（干燥）…15g

25%（25度）的蒸馏酒…900mL

全年都买得到——
（新鲜菊花盛产在秋季）

需浸泡
1星期

① 按量备好所需的菊花。

② 将菊花放进可密封的玻璃瓶里，再慢慢地倒入蒸馏酒，然后密封放置在阴凉处1星期以上，熟成后过滤并移装到窄口玻璃瓶里。

若使用新鲜的菊花来浸泡，必须选用没有喷洒农药的菊花

菊花酒
10月1日
浸泡

10月8日
预定过滤

具有相似功效的其他养生酒
●头晕、发热：梅酒（P12）、山独活酒（P74）、西洋芹酒（P76）等。
●眼睛疲劳：枸杞子酒（P18）、薄荷酒（P58）、蓝莓酒（P98）等。

一倒入蒸馏酒，菊花就开始吸收酒液，逐渐释放出独特的香气

黑豆酒  脾 肾

改善瘀血症状
抗衰老

有效成分与功效

黑豆含有花青素、皂苷与大豆异黄酮等，具有抗氧化作用的成分，能有效预防衰老，也能改善白发、掉发、黑眼圈、黑斑和皮肤粗糙等症状，能有效缓解亚健康。

专家主张

有助于增强肾功能，促进体内的体液循环，进而改善新陈代谢，有效消除人体下半身的浮肿与缓解疲劳，还能有效改善膝盖痛等。此外，还有促进血液运行的作用，能改善瘀血症状，进而舒缓更年期的不适症状，以及腰痛等，能有效改善白发、掉发等。黑豆是一种适合在日常生活中经常食用借以增进健康的食品。

饮用方法（紫红色至紫黑色）

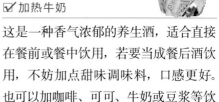

☑ 直接饮用（30mL）

☑ 加热开水

☑ 加冰块

☑ 加热牛奶

这是一种香气浓郁的养生酒，适合直接在餐前或餐中饮用，若要当成餐后酒饮用，不妨加点甜味调味料，口感更好。也可以加咖啡、可可、牛奶或豆浆等饮用。

免疫力
UP

身体

瘀血、贫血 白发、掉发

做 法

黑豆 … 200g
25%（25 度）的蒸馏酒 … 720mL

全年都买得到
（新豆为 10 月左右）

需浸泡
1 个月

① 按量备好所需的黑豆。

② 将黑豆干炒到所有皮都裂开为止。

③ 等黑豆稍微冷却后，放进可密封的玻璃瓶里，再慢慢地倒入蒸馏酒，然后密封放置在阴凉处 1 个月以上，熟成后过滤并移装到窄口玻璃瓶里。

黑豆酒
12 月 1 日
浸泡
- - - - - -
1 月 1 日
预定过滤

炒过后再浸泡，就能增添香气

具有相似功效的其他养生酒
●白发、掉发：黑芝麻酒（P24）、月桂叶酒（P48）、松叶酒（P117）。
●瘀血、贫血：红花酒（P26）、高丽参酒（P32）等。

一倒入蒸馏酒，黑豆的有效成分就会立刻被溶解出来

新鲜的黑豆含有少量的有毒成分，必须加热（干炒）后再浸泡

39

干香菇酒 肝

消除贫血引起的倦怠感
提高免疫力

有效成分与功效

干香菇的有效成分包括具有整肠作用和能提高免疫力的食物纤维、能抑制血中胆固醇的不饱和脂肪酸以及能帮助身体吸收钙质的维生素 D 等。

专家主张

干香菇非常适合在宿醉后，用来恢复体力。这种养生酒能促进肝的功能，进而调节血液量，有效改善贫血症状，也能补气，非常适合没有食欲时饮用，能改善肠胃的功能。由于香菇具有提高免疫力的作用，因此能有效预防血液的氧化，最适合用来改善花粉症等过敏症状。

饮用方法（淡黄褐色）

- ☑ 直接饮用（30mL）
- ☐ 加热开水
- ☑ 加冰块
- ☑ 日式卤味和汤汁的高汤

由于这种养生酒风味独特，最好加入其他养生酒一起饮用，也可以加入到日式汤汁或火锅里，作为高汤使用，美味又养生，不过要作为高汤的话，泡酒时就不能加入柠檬。

内脏功能
UP

身体 花粉症、贫血
身体 便秘、腹泻

40

做　法

干香菇 … 25g
25%（25 度）的蒸馏酒 … 900mL
柠檬 … 1 个

全年都买得到

需浸泡
2 星期

① 按量备好所需的干香菇。

② 将干香菇摊开在篮子等
容器里，然后拿到太阳
底下曝晒半天左右。

③

将柠檬去皮后切片。

④ 将干香菇和柠檬片放进
可密封的玻璃瓶里，再
慢慢地倒入蒸馏酒，然
后密封放置在阴凉处 2
星期以上，熟成后过滤
并移装到窄口玻璃瓶里。

想早点酿造好，可以将
香菇切片，这样熟成比
较快

具有相似功效的其他养生酒
●花粉症：荷兰芹酒（P62）、
紫苏酒（P84）等。

干香菇酒
4 月1日
浸泡
4 月15日
预定过滤

拿到太阳底下曝晒，就
能增加维生素 D

熟成过程中，颜色会逐
步变成黄褐色

小菜

将酿造养生酒时所剩的食材，
活用在小菜里吧！
特别是干货可以保存比较久，
所以请依身体情况好好利用。

红花豆腐汤

搭配黑芝麻酒、黑豆酒
或枸杞子酒等干货酒

材　　料

鸡汤（也可用速食鸡汤）…2 杯

绍兴酒 … 1 大匙　盐和胡椒 … 适量

红花 … 1 小撮　豆腐 … 1 块

青菜（最好是香菜）… 少许

鸡翅 … 2 只（没有也无妨），香菜和芝麻油依个人喜好添加

做　　法

❶ 将鸡汤、绍兴酒、红花和剁碎骨头的鸡翅等，全部放进锅里，煮到鸡翅全熟为止，再加入盐和胡椒调味。

❷ 将豆腐切成容易吃的大小，再加到锅里一起煮。

❸ 依个人喜好加入香菜和芝麻油。

※ 不要只吃豆腐，也要将汤全部喝下。孕妇忌食红花。

酱卤干香菇

搭配菊花酒
以缓解亚健康

材　料

昆布 … 50g　干香菇 … 5 朵
香菇水 … 2 杯　红辣椒 … 1 根
酱油 … 5 大匙　味淋 … 2 大匙
白砂糖 … 3 大匙　水 … 适量

做　法

❶ 用拧干的抹布，擦拭昆布的表面，再用食物剪刀剪成长 1cm 的小块。
❷ 花点时间将干香菇泡在水里，但水量不要太多，高度大约比香菇略低一点即可。泡完后，将香菇拧干，去蒂后切片。
❸ 将昆布、香菇、香菇水、清水、对半切开的红辣椒和调味料等，全部放进锅里，然后开大火。
❹ 等沸腾后，就转为小火，并煮到没有汤汁，且昆布也变软为止。

炒山独活皮

最适合搭配番茄酒和
西洋芹酒等蔬菜酒

材　料

山独活皮 … 150g　醋 … 少许
红辣椒 … 1 根　沙拉油 … 适量
白砂糖 … 1 大匙　酱油 … 1 大匙

做　法

❶ 将切成长 5cm 左右的山独活去皮，用菜刀将表面的毛刮掉，然后纵向切丝。
❷ 将切好的山独活皮，浸泡在 1 : 3（醋:水）的醋水里 5 ~ 10 分钟，以去除腥味，之后再用滤网沥干水分。
❸ 将红辣椒的籽去掉，切成小圈。
❹ 将沙拉油倒进平底锅里预热，再放进红辣椒和山独活皮，并用人火炒软。
❺ 加入白砂糖和酱油，继续用大火炒到没有水分为止，盛到平底盘里，让食材尽快冷却下来。

迷迭香酒 肝 肾

有效缓解压力
预防肌肤问题

有效成分与功效

迷迭香被称为"能恢复青春的香草"，是唇形科植物。其精油能提振神经系统和感官功能，提高注意力，并舒缓失眠和心浮气躁等精神压力。还具有抗氧化作用，能促进血液循环，进而预防皮肤问题和抗衰老。

专家主张

有助于提高肝的功能，调整身体使其恢复正常，特别是对上半身使用最明显，非常适合头痛或不安时饮用。此外，还能促进肾的功能，缓和更年期常见的头晕、发热和心浮气躁，月经不调或停经所引起的不适感等。迷迭香的清香味道，能提升胃功能，有助新陈代谢，还具有解毒作用，能让人强壮，并有效预防衰老。

饮用方法（褐色系的酒红色）

☑ 直接饮用（30mL）
☐ 加热开水
☑ 加冰块
☑ 用来增加肉类菜品的香味

当进餐前酒喝时，能增进食欲，当成餐后酒喝时，能帮助睡眠。由于是用红葡萄酒浸泡，非常适合搭配西式的肉类菜品。

美容效果

⚥ 黑眼圈、黑斑、皮肤粗糙

心理 失眠、心浮气躁

做 法

迷迭香（新鲜）··· 40g
红葡萄酒 ··· 360mL
35%（35 度）的蒸馏酒 ··· 360mL
白砂糖 ··· 50g

新鲜迷迭香、干燥迷迭
香皆全年都买得到

需 浸 泡
1 星 期

① 将迷迭香洗净后擦干。

② 按量备好所需的迷迭香
和白砂糖。

③ 将迷迭香和白砂糖放进
可密封的玻璃瓶里，再
慢慢地倒入红葡萄酒和
蒸馏酒，然后密封放置
在阴凉处 1 星期左右，
熟成后过滤并移装到窄
口玻璃瓶里。

迷迭香酒
3 月1日
浸泡

3 月8日
预定过滤

若要使用干燥的迷迭香
来酿造，则只需要 5g

具有相似功效的其他养生酒
●有黑眼圈、黑斑：薰衣草酒（P56）、
草莓酒（P88）、蔓越莓酒（P100）等。
●心浮气躁：红枣酒（P20）、
月桂叶酒（P48）、薄荷酒（P58）等。

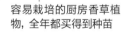

熟成过程中，迷迭香的
强烈清香，会逐渐转移
到红葡萄酒里，令这种
养生酒变得更清爽

容易栽培的厨房香草植
物，全年都买得到种苗

洋甘菊酒 肝 脾

帮助睡眠
消除心浮气躁

有效舒缓
压力

心理

身体

感冒、有腹泻倾向　　失眠、
　　　　　　　　　　心浮气躁

有效成分与功效

菊科植物洋甘菊，具有镇静和减压的作用，能有效消除心浮气躁、亢奋、紧张等情绪，而温和的香气，也能帮助人们好眠。洋甘菊所含的芸香素，是类黄酮的一种，具有强化黏膜防卫能力的作用，能有效预防感冒。洋甘菊还具有消炎和防止痉挛的作用，能有效改善反胃、胃痛、消化不良等症状。

专家主张

　　在欧美被当成香熏疗法工具之一的洋甘菊，能促进肝的功能，调整自律神经，所以这种养生酒，非常适合心浮气躁的人饮用。洋甘菊还能促进脾的运化功能，有助于食物的消化吸收及输送营养，能改善肠胃的状况。

饮用方法（淡琥珀色）

☑ 直接饮用（30mL）
□ 加热开水
☑ 加冰块
☑ 加苹果汁

加蜂蜜在餐后或睡前饮用，颇具有安眠效果。洋甘菊花带有苹果香味，不妨搭配苹果酒等水果类的养生酒，调制成鸡尾酒饮用。

做　法

洋甘菊花（干燥）… 15g
白葡萄酒 … 360mL
35%（35 度）的蒸馏酒 … 360mL
白砂糖 … 50g

全年都买得到
（花期为 5—6 月）

需浸泡
1 星期

① 去除混在洋甘菊里的杂质。

② 分别按量备好所需的洋甘菊和白砂糖。

③ 将洋甘菊和白砂糖放进可密封的玻璃瓶里，再慢慢地倒入白葡萄酒和蒸馏酒，然后密封放置在阴凉处 1 星期左右，等熟成后过滤并移装到窄口玻璃瓶里。

洋甘菊酒
6月1日
浸泡

6月8日
预定过滤

若要使用新鲜的洋甘菊来酿造，则需要60g左右，浸泡方法不变

具有相似功效的其他养生酒
●失眠：百里香酒（P50）、薰衣草酒（P56）、荔枝酒（P102）等。
●轻微感冒：鼠尾草酒（P52）、番茄酒（P66）、大蒜酒（P78）等。

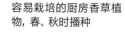

容易栽培的厨房香草植物，春、秋时播种

熟成过程中，洋甘菊那苹果般的甜甜香味，会逐渐转移到白葡萄酒里，让这种养生酒变得温和又香醇

47

月桂叶酒 脾 肾

调理肠胃
恢复活力

有效成分与功效

属于樟科植物的月桂叶片里所含的精油，能调理肠胃，也能增进食欲，帮助消化；所含类黄酮，则能强化黏膜组织的功能，有效预防感冒。

专家主张

作为西餐的主要调味料之一月桂叶，主要用来增添炖煮类食品的香味，并帮助消化。月桂叶能促进脾和肾的功能，有效消除疲劳，调理肠胃，甚至能有效强身、固精，预防皮肤和毛发老化，改善神经痛等，同时还有杀菌和抗发霉作用，能有效预防长青春痘。

饮用方法（带有绿色的淡黄色）

☑ 直接饮用（30mL）
☐ 加热开水
☑ 加冰块
☑ 西式炖煮

当餐前酒喝时，能增进食欲。加番茄汁或蔬果汁调开，做成鸡尾酒饮用。当然也可以在炖煮时作为料酒添加，或用于牛排和烟熏肉排等。

内脏功能
UP

身体
脾胃弱、消化不良
♂♀ 白发、掉发

48

做 法

月桂叶的叶片（干燥）… 6g

25%（25度）的蒸馏酒 … 720mL

全年都买得到——

需浸泡
2星期

1 按量备好所需的月桂叶，再用食物剪刀剪成适当大小。

2 将月桂叶放进可密封的玻璃瓶里，再慢慢地倒入蒸馏酒，然后密封放置在阴凉处2星期以上，熟成后，过滤并移装到窄口玻璃瓶里。

月桂叶酒
4月1日
浸泡

4月15日
预定过滤

西方将月桂叶作为调味料，炖煮食物时常用

具有相似功效的其他养生酒
●脾胃弱、消化不良：梅酒（P12）、生姜酒（P70）、苹果酒（P94）、无花果酒（P96）等。
●白发、掉发：黑芝麻酒（P24）、黑豆酒（P38）等。

熟成过程中，酒的颜色会逐渐变成橄榄色，独特的香气也会逐渐散发出来

百里香酒 脾 肺

消除喉咙发炎
预防感冒

健康力
UP

有效成分与功效

唇形科植物百里香，具有化痰和杀菌作
用，能减少口腔中的细菌，有效预防感
冒和口腔炎。百里香还含有类黄酮，能
使紧绷的肌肉放松，所以若觉得头重，
或睡不着，可以适量饮用百里香酒。

专家主张

百里香是香草的一种，颇具香气，还具
有杀菌和防腐等作用，有助于增强肺
功能，能有效止咳，可用于治疗百日
咳、喉咙发炎等。百里香还能增强脾
的运化功能，有助改善因压力过大而
造成的脾胃不调。

饮用方法（酒红色）

☑ 直接饮用（30 mL）
☐ 加热开水
☑ 加冰块
☑ 用来增加鱼类菜肴的香味

可当成餐前酒或晚餐时的餐中酒喝。这
种养生酒是用红葡萄酒酿造，不但适合
搭配肉类，也很适合搭配鱼类。可以去
除马赛鱼汤和奶油煎鱼等鱼类食物的鱼
腥味并增加香味。

身体 声音沙哑、咳嗽、
心理 失眠　轻微感冒

50

做　法

百里香（新鲜）… 40g
红葡萄酒 … 360mL
35%（35 度）的蒸馏酒 … 360mL
白砂糖 … 50g

1 将百里香洗净后沥干水分。

2 按量备好所需的百里香和白砂糖。

3 将百里香和白砂糖放进可密封的玻璃瓶里，再慢慢地倒入红葡萄酒和蒸馏酒，然后密封放置在阴凉处 1 星期左右，熟成后，过滤并移装到窄口玻璃瓶里。

如果使用干燥的百里香来酿造，则只需要 5g 左右

新鲜和干燥的百里香全年都买得到（盛产期为初夏）

需浸泡
1 星期

百里香酒
6月1日
浸泡
6月8日
预定过滤

容易栽培的厨房香草植物，春、秋时播种

具有相似功效的其他养生酒
●声音沙哑、咳嗽：鼠尾草酒（P52）、橘子酒（P92）、无花果酒（P96）等。
●失眠：薰衣草酒（P56）、西洋芹酒（P76）、洋葱酒（P82）、竹叶酒（P117）等。

百里香的香气搭配红葡萄酒的味道非常合适，熟成过程中，独特的香气会逐渐散发出来

51

鼠尾草酒 脾 肺 肾

调理肠胃，促进血液循环
提高免疫力

免疫力
UP

身体 声音沙哑、咳嗽

身体 轻微感冒、疲劳

有效成分与功效

唇形科植物鼠尾草因具有杀菌作用而闻名。鼠尾草精油，能有效改善喉咙痛和口腔发炎等症状；鼠尾草所含的单宁酸，具有抗氧化作用，能有效调理肠胃，并促进血液循环，有助于消除疲劳，维护身体健康。

专家主张

鼠尾草自古罗马时期就被当成药用植物，做成治疗喉咙或口腔发炎的漱口药。鼠尾草还经常被当成香草，使用在肉类菜肴和酱汁里。中医并不常使用鼠尾草，不过鼠尾草能温热身体，促进血液的循环，轻微感冒或消化不良时，饮用鼠尾草酒会非常有效。此外，鼠尾草还能促进脾、肺、肾的功能，能有效调理肠胃，改善腹泻和便秘，还能提高免疫力。

饮用方法（褐色系的酒红色）

- ☑ 直接饮用（30mL）
- ☐ 加热开水
- ☑ 加冰块
- ☑ 用来增加肉类菜肴的香味

可以用在肉类菜肴里，能够促进消化，也能当成甜点酒饮用。用来煮酱汁、做成调味酱，能增加香味。

做 法

鼠尾草（新鲜）… 40g
红葡萄酒 … 360mL
35%（35 度）的蒸馏酒 … 360mL
白砂糖 … 50g

① 将鼠尾草洗净后沥干水分。

② 按量备好所需的鼠尾草和白砂糖。

③ 鼠尾草和白砂糖放进可密封的玻璃瓶里，再慢慢地倒入红葡萄酒和蒸馏酒，然后密封放置在阴凉处 1 星期左右，熟成后，过滤并移装到窄口玻璃瓶里。

如果使用干燥的鼠尾草来酿造，则只需要 5g 左右

具有相似功效的其他养生酒
●声音沙哑、咳嗽：百里香酒（P50）、橘子酒（P92）、
无花果酒（P96）等。
●疲劳：番茄酒（P66）、
明日叶酒（P72）、
大蒜酒（P78）、
洋葱酒（P82）、
紫苏酒（P84）等。

新鲜鼠尾草和干燥鼠尾草全年都买得到（盛产期为初夏）

需 浸 泡
1 星 期

鼠尾草酒
6月1日
浸泡
6月8日
预定过滤

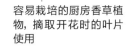

容易栽培的厨房香草植物，摘取开花时的叶片使用

熟成过程中，鼠尾草特有的香气，会逐渐转移到红葡萄酒里，令这款养生酒变得更爽口

肉桂酒 肝 脾 肾

温热身体，改善月经不调
及腰腿的老化现象

**恢复青春
的效果**

♂ 强身、固精、
腰腿的老化

♀ 月经不调、
经前期综合征、
更年期综合征

有效成分与功效

制作甜点时，经常会用到的肉桂，带有
淡淡的甜味、辛辣味和香味，是其魅力
所在。肉桂精油，具有消除肌肉疼痛、
降血压、退烧、杀菌等作用，还能温热
身体，并去除多余的热量，因此能有效
去除疼痛。

专家主张

中药材中的肉桂和桂皮属于樟科植
物，整株植物都可利用。因为肉桂
可增强肾功能，补充人的元气，除了
能有效强身固本、消除疲劳之外，还
能改善腰部、膝盖的疼痛，以及因身体
虚冷而引起的胃痛、消化不良等症状。
此外，肉桂还能促进血的循环，进而温
热身体，建议有月经不调或经前期综合
征、更年期综合征的人饮用。

饮用方法（琥珀色）

☑ 直接饮用（30mL）

☐ 加热开水

☑ 加冰块

☑ 加入到咖啡或红茶里

甜甜香气很适合当成餐后酒喝。由于能
温热身体，若在寒冷季节，加入到其他
热饮里饮用，会更有效果；还能增加烤
苹果或甜点的香味。

做 法

肉桂（干燥）… 25g

25%（25度）的蒸馏酒 … 900mL

全年都买得到

1 按量备好所需的肉桂，
并切成适当大小。

需 浸 泡
3 星 期

2 将肉桂放进可密封的玻
璃瓶里，再慢慢地倒入
蒸馏酒，然后密封放置
在阴凉处3星期以上，
熟成后，过滤并移装到
窄口玻璃瓶里。

肉桂酒
3月1日
浸泡
3月22日
预定过滤

也可以使用肉桂棒或中
药材里的桂皮，酿造方
法相同

具有相似功效的其他养生酒
●腰腿老化：生姜酒（P70）、松叶酒（P117）。
●月经不调、经前期综合征：红花酒（P26）、
荔枝酒（P102）、艾草酒（P118）等。

一倒入蒸馏酒，肉桂的
有效成分就会立刻被溶
解出来

薰衣草酒 心 肺

舒解压力
轻松自在每一天

**有效舒缓
压力**

心理 失眠

妇产 黑眼圈、黑斑、
皮肤粗糙

有效成分与功效

能让身心都得到放松的唇形科植物薰衣草，它的精油能有效缓解因压力而引起的失眠、头痛、偏头痛等症状，所以睡前若能饮用这种养生酒，就能舒缓紧张的神经，具有助眠作用。此外，薰衣草包含的类黄酮，还具有抗氧化作用，能防止皮肤粗糙，有效滋润皮肤。

专家主张

中医不常使用薰衣草，不过薰衣草有助于心的功能，能有效消除静脉血管血液的瘀滞，帮助控制情绪，调整睡眠，非常适合晚上睡不着的人饮用。另外，还有助于肺功能，对改善皮肤的干燥和粗糙，以及因血液循环不良而引起的黑眼圈和黑斑等症状效果很好。

饮用方法（淡红色）

☑ 直接饮用（30mL）
☐ 加热开水
☑ 加冰块
☑ 加在冰淇淋里

餐后可以将这种养生酒，加在红茶或冰淇淋里，增添花香，让身心都能得到放松。也可以加入蜂蜜或糖浆，当成睡前酒喝，有助安眠和美肤。

做　　法

薰衣草花朵 … 15g
白葡萄酒 … 400mL
35%（35度）的蒸馏酒 … 400mL

全年都买得到
（新鲜花的盛产期
为夏季）

需浸泡
1星期

1 按量备好所需的薰衣草。

2 将薰衣草放进可密封的
玻璃瓶里，再慢慢地倒
入白葡萄酒和蒸馏酒，
然后放置在阴凉处1星
期左右，熟成后，过滤
并移装到窄口玻璃瓶里。

若要使用新鲜的薰衣草
来酿造，就必须选用没
有喷洒农药的薰衣草

薰衣草酒

8月1日
浸泡

8月8日
预定过滤

具有相似功效的其他养生酒
●黑眼圈、黑斑：迷迭香酒（P44）、
草莓酒（P88）、蔓越莓酒（P100）等。
●失眠：百里香酒（P50）、
西洋芹酒（P76）、洋葱酒（P82）、
竹叶酒（P117）等。

一倒入蒸馏酒，酒的颜
色就会立刻染成漂亮的
淡紫色，甜甜的香气也
会散发出来

57

薄荷酒 肝 肺

清爽的香气
能调节身体机能

有效成分与功效

唇形科植物薄荷，含有薄荷醇，因此它的精油也深具清凉感，能帮助消除忧郁与稳定情绪，也能有效缓解因压力而引起的头痛和眼睛疲劳等症状。薄荷所含的类黄酮，还具有解毒作用。

专家主张

有助于增强肺的功能，有效预防感冒，也能冷却发热的身体，有效改善疼痛和肿胀等症状，甚至能有效改善头痛、牙痛、喉咙痛、皮肤瘙痒等症状。

此外，还对肝的功能有帮助，能促进气血运行，有效改善发晕、心浮气躁、情绪忧郁、眼睛疲劳等症状。也能帮助排放囤积在肚子里的废气。

饮用方法（带有绿色的褐色）

☑ 直接饮用（30mL）	
☐ 加热开水	
☑ 加冰块	
☑ 加在冰淇淋等甜点上	

由于薄荷很清凉，可以加在果汁、冰咖啡或红茶里，使口感更佳。也可以加在夏季的甜点或水果里，瞬间提升清爽口感。当然也可以加入到水果酒中，调制成鸡尾酒饮用。

有效舒缓
压力

心理
忧郁、
心浮气躁

身体
头痛、眼睛疲劳

做　　法

薄荷（新鲜）··· 50g

35%（35度）的蒸馏酒 ··· 720mL

柠檬 ··· 1/2 个

全年都买得到
（盛产期为夏季）

需浸泡
2 星期

1 按量备好所需的薄荷，充分洗净后沥干水分。

2 将柠檬去皮后切片。

3 将薄荷和柠檬片放进可密封的玻璃瓶里，再慢慢地倒入蒸馏酒，然后密封放置在阴凉处2星期左右，熟成后，过滤并移装到窄口玻璃瓶里。

薄荷洒

7月1日
浸泡

7月15日
预定过滤

香薄荷或野薄荷也可以
用相同的酿造方法

最好使用新叶

具有相似功效的其他养生酒

●有忧郁情绪：红枣酒（P20）、荔枝酒（P102）等。

●预防头痛：明日叶酒（P72）、山独活酒（P74）等。

59

豆蔻酒 脾 肺

能改善肠胃不适

内脏功能
UP

身体 脾胃弱、消化不良

身体 有便秘倾向

有效成分与功效

姜科植物的豆蔻，自古就盛产于印度和斯里兰卡等地，是印式餐饮中不可或缺的香辛料之一。豆蔻精油能有效调节肠胃功能，消除胸闷。

专家主张

小豆蔻有助于脾的运化功能，有益于气的运行，能有效改善消化不良、腹胀、想吐、胃不舒服等症状。此外，还能促进肺的功能，消除气滞，增强内脏的功能。

饮用方法（带有绿色的淡黄色）

☑ 直接饮用（30mL）

☐ 加热开水

☑ 加冰块

☑ 加入咖啡或红茶

甜甜的香气是豆蔻一大特征，可以用来增添零食、冰淇淋或甜点的异国风味，也可以用来消除肉类的腥味。做成异国风味的调味酱，或加在西式酱菜里。当然也可以加在咖喱类食物里食用，或加在咖啡中饮用别有一番风味。

做　法

豆蔻（干燥）… 25g
25%（25度）的蒸馏酒 … 900mL

全年都买得到

需浸泡
3 星期

1 按量备好所需的豆蔻。

2 将豆蔻放进可密封的玻璃瓶里，再慢慢地倒入蒸馏酒，然后密封放置在阴凉处3星期以上，熟成后，过滤并移装到窄口玻璃瓶里。

豆蔻酒
6月1日
浸泡
········
6月22日
预定过滤

最好选用绿色的豆蔻来酿造

具有相似功效的其他养生酒
●脾胃弱、消化不良：明日叶酒（P72）、
山独活酒（P74）等。
●有便秘倾向：明日叶酒（P72）、
大蒜酒（P78）、
草莓酒（P88）等。

一倒入蒸馏酒后，豆蔻独特的香辛气味就会散发出来

荷兰芹酒  肝 肺

适合贫血与早衰的人饮用

有效成分与功效

伞形科植物的荷兰芹，含有丰富的铁和维生素 C，而这些有效成分的叠加，有助于人体造血，非常适合贫血的人饮用。荷兰芹还含有丰富的矿物质，身体不适的人，都应该积极摄取。荷兰芹精油，具有很强的利尿和抗氧化作用，对花粉过敏的人也很有效。

专家主张

荷兰芹能促进肝的功能，也能帮助补血，对治疗贫血很有效。荷兰芹还有助于肺的功能，能强化黏膜的防卫功能，有效预防感冒并缓解花粉症。此外，荷兰芹还能调理肠胃的功能，有效改善食欲不振的同时还能滋补强壮身体。

饮用方法（淡黄绿色）

- ☑ 直接饮用（30mL）
- ☐ 加热开水
- ☑ 加冰块
- ☑ 制作调味酱

加入番茄汁或蔬菜汁，就能调制成鸡尾酒。也可以将蜂蜜和荷兰芹酒或百里香酒，一起淋在新鲜的番茄上，做成一道美味的生活沙拉。

免疫力
UP

身体 花粉症、贫血

♂♀ 强身、固精

做　法

荷兰芹（新鲜）… 60g
35%（35度）的蒸馏酒 … 720mL
柠檬 … 1/2 个

全年都买得到

需 浸 泡
3 星 期

① 按量备好所需的荷兰芹，并洗净后沥干水分。

② 将柠檬去皮后切片。

③ 将荷兰芹和柠檬片放进可密封的玻璃瓶里，然后密封放置在阴凉处3星期以上，熟成后，过滤并移装到窄口玻璃瓶里。

具有相似功效的其他养生酒
●花粉症：干香菇酒（P40）、紫苏酒（P84）。
●强身、固精：黑芝麻酒（P24）、山药酒（P68）、生姜酒（P70）、松叶酒（P117）等。

荷兰芹酒

4月1日
浸泡

4月22日
预定过滤

熟成过程，荷兰芹的颜色会逐渐消失

也可以使用意大利香芹，酿造方法相同

容易栽培的厨房香草植物，夏、秋时播种

饮料

不会喝酒的人，也可以利用养生食材，制作
没有酒精的饮料来饮用，当然也可以搭配养
生餐来饮用。

菊花茶

清热解毒·
消除眼睛疲劳并预防衰老

材料

干燥菊花 … 1 把
枸杞子 … 2～3 粒
绿茶 … 2 小匙

做法

1. 将绿茶和菊花放进茶壶里，然后倒入热开水。
2. 将枸杞子放进茶杯里，再倒入上述热茶饮用。

陈皮乌龙茶

保护鼻腔和口腔黏膜
预防感冒

材料

陈皮 … 1 把
乌龙茶 … 2 小匙

做法

将乌龙茶和陈皮放进茶壶里，然后倒入
热开水，再倒进茶杯里饮用。

黑芝麻豆浆

加上干果和坚果
滋补强壮身体

材　料

豆浆 … 1 杯半
黑芝麻粉 … 2 大匙　核桃粉 … 2 大匙
蜂蜜 … 适量

做　法

① 将黑芝麻粉、核桃粉和豆浆一起搅拌均匀。
② 将①放进锅里加热后，再加入蜂蜜搅拌均
匀饮用。

生姜肉桂奶茶

搭配苹果派
预防手脚冰冷

材　料

牛奶 … 1 杯　红茶 … 3 小匙
生姜 … 1 小块
肉桂粉（或肉桂棒）… 少许
蜂蜜 … 适量（依个人喜好）

做　法

① 将生姜磨成泥。
② 加入 1/2 杯左右的热开水，将红茶泡
开，然后加入姜泥。
③ 将牛奶加热后倒进杯子里，再一边过
滤②的红茶，一边倒进杯子里，最后加
入肉桂粉（肉桂棒）和蜂蜜（依个人喜好）
饮用。

番茄酒 肝 脾

调理肠胃
滋润身体

免疫力 UP

身体 喉咙干渴　身体 疲劳、轻微感冒

有效成分与功效

俗话说"家有番茄就不会有胃病"，因为只要摄取一个番茄，就能摄取到许多有效的成分，番茄里的茄红素，具有很强的抗氧化作用，可有效预防中老年疾病。此外，番茄所含的柠檬酸能刺激胃液分泌，具有增进食欲、减缓压力、消除疲劳等作用。

专家主张

能促进脾的运化功能，有助于体液的生成，进而滋润身体和干渴的喉咙。不仅如此，由于脾主管食物的消化与吸收，所以摄取番茄还能改善胃痛和消化不良。番茄可促进肝的功能，调节身体的整体功能使其达到均衡，因此能有效预防感冒，并消除疲劳。

饮用方法（淡黄色）

- ☑ 直接饮用（30mL）
- ☐ 加热开水
- ☑ 加冰块
- ☑ 加番茄汁调开（加柠檬）

可以当成餐中酒饮用，也可以在餐后或吃甜点时，加蔬菜汁或果汁调成鸡尾酒喝。另外，加入番茄汁和少量的松叶酒，调成"血腥玛丽"也很好喝。

柠檬酸　茄红素

做　　法

番茄 … 300g
35%（35 度）的蒸馏酒 … 450mL
柠檬 … 1 个

全年都买得到
（盛产期为夏季）

可以根据个人喜好
加入罗勒浸泡，就
能酿造出香气十足
的养生酒

需 浸 泡
1 个 月

1 按量备好所需的番茄，
并洗净后沥干水分。

2 将番茄对半纵切，再切成
1cm 左右的厚片。

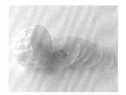

番茄酒
7 月 1 日
浸泡
8 月 1 日
预定过滤

3 将柠檬去皮后切片。

4 将番茄和柠檬片放进可
密封的玻璃瓶里，再慢
慢地倒入蒸馏酒，然后
密封放置在阴凉处 1 个
月以上，熟成后，过滤
并移装到窄口玻璃瓶里。

熟成中，沉淀物会堆积
在瓶底

具有相似功效的其他养生酒
●轻微感冒：洋甘菊酒（P46）、
鼠尾草酒（P52）、
橘子酒（P92）等。
●喉咙干渴：枸杞子酒（P18）、
橘子酒（P92）、
无花果酒（P96）等。

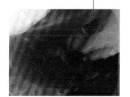

酿造完成后的番茄养生
酒，只要含上一口，就能
瞬间感受到番茄的美味

山药酒 （脾）（肺）（肾）

增强体力和精力
恢复青春

**恢复
青春的效果**

身体
脾胃弱、
消化不良

♂♀
健忘、
强身、固精

有效成分与功效

山药的黏性成分黏蛋白，具有保护胃壁、促进消化的作用，而当黏蛋白与淀粉酶（消化酶的一种）一起发挥作用时，还能调理肠胃，进而改善消化不良、脾胃弱和腹泻等症状。摄取山药还能提高消化吸收的能力，增强活力，消除疲劳，并达到强身健体的效果。

专家主张

山药能促进肾的功能，增加体液，进而滋润身体，能有效改善体质虚弱和疲劳症状，也能增强体力和精力，还能有效改善腰腿、耳朵和眼睛的衰弱。山药还能促进肺的功能，有效缓解喉咙的干渴，也能促进脾的运化功能，增强胃功能，令内脏恢复元气。

饮用方法（淡粉红色）

☑ 直接饮用（30mL）

☐ 加热开水

☑ 加冰块

☑ 搭配味道浓烈的养生酒调制成鸡尾酒

只要和高丽参酒或大蒜酒等调和在一起，就能变为强效的滋补强身养生酒。也可以加入热可可饮用。

做　　法

山药（新鲜）… 300g
35%（35 度）的蒸馏酒 … 450mL
柠檬 … 1 个

全年都买得到
（盛产期为11月至次年2月）

需浸泡
2 个月

① 按量备好所需的山药，并洗净后沥干水分。

② 将山药切成厚 5mm 左右的圆片。

③ 将柠檬去皮后切片。

④ 将山药和柠檬片放进可密封的玻璃瓶里，再慢慢地倒入蒸馏酒，然后密封放置在阴凉处 2 个月以上，熟成后，过滤并移装到窄口玻璃瓶里。

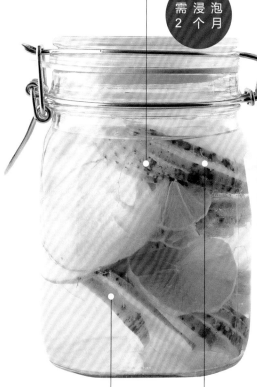

山药酒
12 月1日
浸泡
2月1日
预定过滤

具有相似功效的其他养生酒
●健忘：黑芝麻酒（P24）、
松叶酒（P117）等。
●强身、固精：黑芝麻酒（P24）、
荷兰芹酒（P62）、
松叶酒（P117）等。

熟成过程中，山药的有效成分会逐渐溶解出来，令这种养生酒变得浓稠

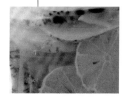

不要削去山药皮，要连皮一起浸泡

生姜酒 脾 肺

预防因虚寒引起的
各种不适

内脏功能
UP

身体 脾胃弱、消化不良

身体
声音沙哑、咳嗽、轻微感冒

有效成分与功效

生姜特有的姜辣素，具有很强的杀菌和
解毒作用，不但能促进胃液的分泌，还
能整肠，所以能有效缓解呕吐、肠胀、
便秘、腹泻等症状。此外，由于生姜香
气浓郁，常被西方当成药用香草，用来
帮助消化与预防感冒。

专家主张

生姜有助于脾的运化，温热内脏，也能
促进发汗，有效改善因虚寒引起的想
吐及消化不良、肠胀及初期的感冒等
症状。生姜还能促进肺的功能，调节
体内的水分，进而有效消除水分代谢障
碍所引起的胸闷、打嗝等症状。

饮用方法（淡红黄色至淡黄褐色）

☑ 直接饮用（30mL）
☑ 加热开水
☑ 加冰块
☑ 拌炒类菜肴

当成餐前酒喝时，能增进食欲。加入蜂
蜜当成餐后酒喝时，能改善虚寒症状。
而加入到红茶或味噌汤里，则能有效预
防感冒。

做 法

生姜（新鲜）… 200g
35%（35度）的蒸馏酒 … 720mL

全年都买得到
（新鲜生姜收获期为
7月份左右）

需浸泡
2 个 月

生姜酒
7月1日
浸泡

9月1日
预定过滤

1 按量备好所需的生姜，
并洗净后沥干水分。

2 将生姜切成 2～3mm 的
薄片。

3 将生姜放进可密封的玻
璃瓶里，再慢慢地倒入
蒸馏酒，然后密封放置
在阴凉处 2 个月以上，熟
成后，过滤并移装到窄
口玻璃瓶里。

具有相似功效的其他养生酒
●脾胃弱、消化不良：山楂酒（P28）、
干香菇酒（P40）、
月桂叶酒（P48）、
苹果酒（P94）等。
●声音沙哑、咳嗽：百里香酒（P50）、
鼠尾草酒（P52）、
橘子酒（P92）、
无花果酒（P96）等。

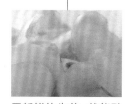

用新鲜的生姜，就能酿
造出更具香气的养生酒

不要削去生姜的皮，要
连皮一起浸泡

71

明日叶酒 肺 肾

适合季节变换时容易出现
过敏症状的人饮用

有效成分与功效

伞形科植物明日叶，有着"即使今天嫩叶被摘掉，明天还是会继续长出新叶"的旺盛生命力，因此被称为不老不死的植物。具有香气与苦味的黄色黏稠成分查尔酮，能有效预防血瘀、肩膀酸痛和花粉症等。明日叶还含有丰富的钾，能促进钠的代谢以及水分的代谢，能有效改善浮肿。

专家主张

中医不常用明日叶，不过明日叶能增强肾的功能，能强身固精，消除疲劳，也有助于增强肺的功能，能预防鼻炎和季节变换所引起的皮肤问题以及眼睛干燥等症状。因为有助于水分的代谢，所以能有效改善浮肿。

饮用方法（淡琥珀色）

- ☑ 直接饮用（30mL）
- ☐ 加热开水
- ☑ 加冰块
- ☑ 加香草酒调制成鸡尾酒

非常适合当成餐后酒或睡前酒喝，如果加入生姜酒或薄荷酒，喝起来会更爽口。

免疫力
UP

身体 花粉症

身体 疲劳、瘀血

做　　法

明日叶 … 150g
35%（35度）的蒸馏酒 … 720mL
柠檬 … 1个

全年都买得到——
（盛产期为夏季）

需 浸 泡
2 星 期

1 按量备好所需的明日叶，并洗净后沥干水分。

2 将明日叶大致切碎。

3 将柠檬去皮后切片。

4 将明日叶和柠檬片放进可密封的玻璃瓶里，再慢慢地倒入蒸馏酒，然后密封放置在阴凉处2星期左右，熟成后，过滤并移装到窄口玻璃瓶里。

最好使用栽种在室外，且已经成熟的明日叶

明日叶酒
8月1日
浸泡

8月15日
预定过滤

具有相似功效的其他养生酒
●瘀血：红花酒（P26）、
高丽参酒（P32）、黑豆酒（P38）、
大蒜酒（P78）等。
●有花粉症：干香菇酒（P40）、
荷兰芹酒（P62）、
紫苏酒（P84）等。

能酿造出酸味恰到好处，还颇具明日叶独特风味的养生酒

73

山独活酒  肾

能缓和上冲的气
消除疼痛和酸痛

有效成分与功效

有着强烈的香气，能让人感受到春天气息的山独活，和高丽参一样，都是五加科植物。山独活精油，能促进血液循环，进而温热身体，而山独活的独特苦味，更能增进食欲，促进新陈代谢。自古就被视为具有整肠作用和促进血液循环功能，能有效改善虚冷与肩膀酸痛。除了山独活之外，还有一种栽种在阴暗处的软白独活，虽然种植方法不同，但都属于同类的植物。

专家主张

山独活利用的并非生长在地面上的茎，而是地下的根茎。它能促进停滞在上半身的气、血的运行，进而缓解疼痛，同时具有利尿作用，所以能改善头痛、肩膀酸痛和浮肿等症状。山独活还能促进肾的功能，有效消除疲劳，强身、固精。

饮用方法（淡琥珀色）

☑ 直接饮用（30mL）

☐ 加热开水

☑ 加冰块

☑ 制作日式调味酱

可以当成餐前酒喝，也可以搭配日式料理一起饮用。

健康力
UP

身体 头晕、发热

身体 肩膀酸痛、头痛

做　法

山独活（新鲜）⋯ 300g
35%（35度）的蒸馏酒 ⋯ 600mL

市场售卖时期为春季

需浸泡
1个月

1 按量备好所需的山独活，并洗净后沥干水分。

2 将山独活斜切成 5mm 左右的薄片。

3 将山独活放进可密封的玻璃瓶里，再慢慢地倒入蒸馏酒，然后密封放置在阴凉处 1 个月以上，等熟成后，再过滤并移装到窄口玻璃瓶里。

具有相似功效的其他养生酒
●头晕、发热：梅酒（P12）、
西洋芹酒（P76）、
苦瓜酒（P80）等。
●肩膀酸痛：姜黄酒（P34）、
明日叶酒（P72）、
松叶酒（P117）等。

山独活酒
3月1日
浸泡

4月1日
预定过滤

倒入蒸馏酒后，山独活的独特香气，就会立即散发出来

将根茎一起放进去浸泡，就能酿造出功效更佳的养生酒

想早点酿造好，可以将山独活先冷冻后再浸泡，就会比较快熟成

西洋芹酒 肝 肺

将不稳定的身心
调和平衡

有效成分与功效

伞形科植物西洋芹，最大的魅力在于它的香气和苦味，在古希腊和古罗马时期，它始终被当成整肠剂和强身剂使用，甚至被当成驱魔避邪的工具。西洋芹精油，能稳定情绪，有效消除心浮气躁和忧郁，也能缓解头痛，有舒缓压力和助眠的功效，可以增强食欲，达到滋养、强身的目的。

专家主张

能调和初春时不稳定的心绪，能增强肝功能，有助于气的运行，有效改善眼睛充血、头痛、头晕、心浮气躁、眩晕等症状。能增强肺的功能，去除多余的水分，改善血液循环，所以非常适合有瘀血或贫血的人饮用。

饮用方法（淡黄绿色）

☑ 直接饮用（30mL）

☐ 加热开水

☑ 加冰块

☑ 加入西式炖煮菜肴中

可以当成餐前酒或餐中酒饮用，也可以加入香草酒或碳酸饮料，当成餐后酒喝，另外还可以加入到炖菜等菜肴里。

**有效舒缓
压力**

心理 失眠、忧郁

身体 头晕、头痛

做　　法

西洋芹 … 200g
35%（35 度）的蒸馏酒 … 720mL
柠檬 … 1 个

全年都买得到

需 浸 泡
2 星 期

1 按量备好所需的西洋芹，并洗净后沥干水分。

2 将西洋芹斜切成 5mm 左右的薄片。

3 将柠檬去皮后切片。

4 将西洋芹和柠檬片放进可密封的玻璃瓶里，再慢慢地倒入蒸馏酒，然后密封放置在阴凉处 2 星期左右，熟成后，过滤并移装到窄口玻璃瓶里。

西洋芹酒
4 月1日
浸泡
4 月15日
预定过滤

具有相似功效的其他养生酒
●失眠 : 栀子酒（P30）、
洋甘菊酒（P46）、
薰衣草酒（P56）、
荔枝酒（P102）等。
●头痛 : 薄荷酒（P58）、
山独活酒（P74）等。

必须将西洋芹的茎和叶，全部浸泡进去

能酿造出清香透鼻的爽口养生酒

大蒜酒 脾 肺

适合身体疲劳
肠胃不适的人饮用

免疫力 UP

疲劳、瘀血

便秘、轻微感冒

有效成分与功效

从古埃及时期开始，大蒜就被当成香辛料和强身剂使用，属于百合科植物。大蒜独特的刺激味与辛辣成分硫丙烯，有助于维生素 B_1 的吸收，有效消除疲劳，并达到强身健体的目的。大蒜精油还有清血的作用。

专家主张

大蒜有益于肺的运作，帮助瘀滞不前的气、血流动，能有效改善瘀血，预防感冒和消除疲劳，还能促进脾的运作，温热消化器官，提高解毒和杀菌效果，有效改善消化不良、便秘、腹痛和细菌性腹泻等症状。

饮用方法（淡黄色至淡琥珀色）

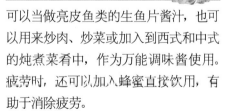

- ☑ 直接饮用（30mL）
- ☐ 加热开水
- ☑ 加冰块
- ☑ 提升食物的浓郁风味

可以当做亮皮鱼类的生鱼片酱汁，也可以用来炒肉、炒菜或加入到西式和中式的炖煮菜肴中，作为万能调味酱使用。疲劳时，还可以加入蜂蜜直接饮用，有助于消除疲劳。

做　　法

大蒜（新鲜）… 200g
35%（35 度）的蒸馏酒 … 720mL
柠檬 … 1 个

全年都买得到——
（盛产期为初夏）

加热能减轻大蒜的
臭味，还能加快熟成
的速度

需浸泡
2 个月

1 剥去大蒜皮后，按所需
的分量备好。

2 将大蒜用保鲜膜包起来，
然后放进微波炉里加热
（500W 4 分钟左右）。

3 将加热后的大蒜，切成
对半。

4 将柠檬去皮后切片。

5 将大蒜和柠檬片放进可
密封的玻璃瓶里，再慢
慢地倒入蒸馏酒，然后
密封放置在阴凉处 2 个
月以上，熟成后过滤并
移装到窄口玻璃瓶里。

大蒜酒
7 月 1 日
浸泡
………………
9 月 1 日
预定过滤

含在嘴里时，强烈的香
气会弥漫整个口腔

一倒入蒸馏酒后，大蒜
的有效成分就会立刻被
溶解出来

具有相似功效的其他养生酒
●疲劳：高丽参酒（P32）、
番茄酒（P66）、
山药酒（P68）、
奇异果酒（P90）等。
●便秘：肉桂（P54）、
豆蔻酒（P60）、
草莓酒（P88）等。

苦瓜酒

利尿，恢复体力

有效成分与功效

瓜科植物的苦瓜，最大特征就是带有苦味，而这种苦味成分苦瓜蛋白，具有很强的抗氧化作用。苦瓜还含有丰富的维生素C，能刺激胃的活动，有效恢复体力。苦瓜还含有钾，能促进钠的代谢，也具有利尿作用，能改善浮肿。

专家主张

苦瓜因为有助于增强心的功能，可消暑解热，所以非常适合有头晕、发热、喉咙干渴等症状以及炎夏时容易疲乏的人饮用。此外，还能缓解眼睛疲劳，具有解毒作用，可以防治浮肿或青春痘。

饮用方法（带有绿色的琥珀色）

☑ 直接饮用（30mL）
☐ 加热开水
☑ 加冰块
☑ 加梅酒调制成鸡尾酒

能增进食欲的苦瓜酒，非常适合作为餐前酒饮用。在炎热的夏季里，可以加西瓜汁饮用，若再加入柠檬，能令苦瓜特有的苦味变得非常特别，不但能滋润干渴的喉咙，还能缓解因炎热造成的乏力。

健康力 UP

♀ 浮肿

身体 炎夏乏力，头晕、发热

做法

苦瓜（新鲜）… 300g
35%（35度）的蒸馏酒 … 600mL

全年都买得到
（盛产期为夏季）

需浸泡
1个月

① 按量备好所需的苦瓜，并洗净后沥干水分。

② 将苦瓜切成 5mm 左右的圆片。

③ 将苦瓜放进可密封的玻璃瓶里，再慢慢地倒入蒸馏酒，然后密封放置在阴凉处 1 个月以上，熟成后，过滤并移装到窄口玻璃瓶里。

具有相似功效的其他养生酒
●炎夏乏力：红枣酒（P20）、高丽参酒（P32）等。
●浮肿：薏米酒（P22）、草莓酒（P88）、奇异果酒（P90）等。

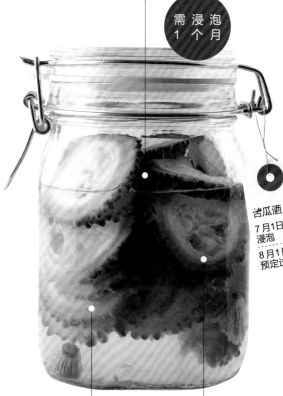

苦瓜酒
7月1日
浸泡

8月1日
预定过滤

不喜欢苦瓜苦味的人，也可以加入蜂蜜等一起酿造

熟成过程中，苦瓜的青绿色泽会逐渐消失

洋葱酒 肝 脾

促进血的运行
调节身心平衡

健康力
UP

身体
脾胃弱、消化不良

身体
头晕、发热

有效成分与功效

百合科植物洋葱，含有刺激眼睛的辛辣成分硫丙烯，能有效消除疲劳，强身健体，改善血液循环。洋葱里的黄色色素槲皮素，还具有很强的抗氧化作用，能预防癌症，洋葱还有助于清血。

专家主张

洋葱因有助于脾的运化，所以洋葱还能帮助排出体内多余的水分，也适合身体或手脚虚冷的人饮用。还能促进肝的功能，有效改善气机不畅、失眠等症状。

饮用方法（带有紫色的淡红色）

☑ 直接饮用（30mL）
☐ 加热开水
☑ 加冰块
☑ 制作调味酱

可以加入香草酒，调制成餐前酒，也可以加入蜂蜜和柠檬，调制成餐后酒，甚至可以加入到西式炖煮菜肴或汤里。

做法

洋葱（新鲜）… 300g
红葡萄酒 … 300mL
35%（35 度）的蒸馏酒 … 300mL

全年都买得到
（新鲜洋葱的
盛产期为夏季）

需浸泡
2 星期

1 按量备好所需的洋葱，将洋葱去皮后切掉蒂，洗净后沥干水分。

2 将洋葱纵向对半切开，再横向切成 2 ~ 3mm 的细条。

3 将洋葱放进可密封的玻璃瓶里，再慢慢地倒入红葡萄酒和蒸馏酒，然后密封放置在阴凉处 2 星期以上，熟成后，过滤并移装到窄口玻璃瓶里。

具有相似功效的其他养生酒
●脾胃弱、消化不良 : 山楂酒（P28）、高丽参酒（P32）、豆蔻酒（P60）等。
●头晕、发热 : 梅酒（P12）、山独活酒（P74）、西洋芹酒（P76）、苦瓜酒（P80）等。

洋葱酒
6 月1日
浸泡
6 月15 日
预定过滤

切成细条浸泡，可以加快熟成的速度

熟成过程中，洋葱特有的味道和香气，会逐渐转移到酒里，让这种养生酒变得更甜

紫苏酒 脾 肺

排出体内废物
促进气、血的运行

**有效舒缓
压力**

心理
忧郁、
心浮气躁

身体
疲劳、花粉症

有效成分与功效

唇形科植物紫苏，有作梅干染料使用的红紫苏和铺在生鱼片下面装饰的青紫苏两种，不过两者都具有清热和杀菌作用，而紫苏精油则有助于调整心情，促进胃液分泌，增进食欲。紫苏所含的类黄酮，还具有改善血液循环和缓解过敏症状的作用。

专家主张

紫苏有助于增强肺的功能，排出体内毒素，并能帮助发汗，温热身体，促进气、血运行，改善畏寒、发烧、咳嗽、忧绪、心浮气躁、花粉症等症状。紫苏还能促进脾的运化，帮助调理肠胃。

饮用方法（淡琥珀色）

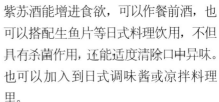

☑ 直接饮用（30mL）
☐ 加热开水
☑ 加冰块
☑ 加梅酒调制成鸡尾酒

紫苏酒能增进食欲，可以作餐前酒，也可以搭配生鱼片等日式料理饮用，不但具有杀菌作用，还能适度清除口中异味。也可以加入到日式调味酱或凉拌料理里。

做　法

紫苏（新鲜）… 60g
32%（35度）的蒸馏酒 … 720mL
柠檬 … 1个

青紫苏全年都可买到（盛产期
为夏季）红紫苏的市场旺销期
为 6—7 月

**需浸泡
2 星期**

① 按量备好所需的紫苏，
洗净后沥干水分。

② 将柠檬去皮后切片。

③ 将紫苏和柠檬片放进可
密封的玻璃瓶里，再慢
慢地倒入蒸馏酒，然后
密封放置在阴凉处2星
期左右，熟成后，过滤
并移装到窄口玻璃瓶里。

紫苏酒
6月1日
浸泡
6月15日
预定过滤

若用红紫苏酿造，就会
酿出深紫红色的养生酒

具有相似功效的其他养生酒
●忧郁：红枣酒（P20）、薄荷酒（P58）、
荔枝酒（P102）、竹叶酒（P117）等。
●花粉症：干香菇酒（P40）、荷兰芹酒（P62）、
明日叶酒（P72）等。

若用青紫苏酿造，就会
酿出香气十足的养生酒

甜点

用酿造养生酒所剩余的食材，来制作孩子们都喜欢的养生甜点，大人还可以搭配养生酒一起享用。

薰衣草红茶松饼

可以搭配加有蔓越莓酒或草莓酒的红茶一起享用

材　料

薰衣草 … 1大匙　红茶叶 … 1大匙
市售的松饼粉 … 200g
鸡蛋 … 1个　牛奶 … 3/4 杯　沙拉油 … 适量

做　法

① 将薰衣草和红茶叶，放进磨钵等容器里捣碎。
② 将鸡蛋和牛奶放进锅子里搅拌均匀之后，再加入松饼粉和①，然后大致搅拌 下。
③ 将少许沙拉油倒进事先预热好的平底锅里，再将②倒入煎烤，直到两面都呈金黄色为止。
※ 可以依个人喜好，淋上蜂蜜或糖浆、果酱等。

荔枝冰沙

甜甜的香气
能缓和不安的情绪

材料

冷冻荔枝 … 200g
Ⓐ 苹果 … 1/4 个，柠檬汁 … 少许
梅酒 … 少许（依个人喜好加入）

做法

① 将冷冻荔枝去皮、去核，只使用果肉
的部分。
② 将荔枝果肉和Ⓐ一起放进搅拌器搅
拌后，放进密封容器里，再放进冰箱冷冻。
③ 每隔 1 小时，就将荔枝拿出来搅拌一
下，冷冻 3 小时左右即可。

山楂汤圆

可以搭配加了热开水调开的黑芝
麻酒或搭配乌龙茶加荔枝酒享用

材料

山楂粉 … 1 大匙
糯米粉 … 100g
水 … 1/2 杯（视汤圆的软硬度调整分量）
杂豆罐头或水果罐头 … 1 罐

做法

① 将山楂粉和糯米粉混合在一起搅拌
均匀，再慢慢加水揉成软硬适中的糯米
团，然后捏成一口大小的汤圆。
② 将汤圆放进煮沸的热水里，等汤圆浮
上来 1～2 分钟之后，捞起过一下冷水。
③ 将汤圆与杂豆罐头或水果罐头拌匀
即可。

※ 也可以将汤圆淋上甜酱油，做成日式汤圆，或
加入浓汤享用。

草莓酒  肝 肺

促进水分代谢
改善浮肿与皮肤问题

有效成分与功效

含有维生素 C，能够消除疲劳，达到美肤的效果。因为含有多种不同的多酚，有抗氧化作用，能有效抑制黑色素形成，非常适合被黑斑或黑眼圈困扰的人饮用。此外，因为草莓所含的水溶性食物纤维果胶，能促进乳酸菌繁殖，具有整肠的作用，所以还能有效改善便秘和腹泻。

专家主张

有助于增强肝的功能，促进血的运行进而达到解毒的效果，能有效改善黑眼圈和黑斑等皮肤问题，此外还有助于增强肺的功能，提升皮肤的抵抗力。还能促进体内的水分代谢，帮助消除浮肿。

饮用方法（宝石红）

☑ 直接饮用（30mL）

☐ 加热开水

☑ 加冰块

☑ 加在冰淇淋或酸奶里

这一款具有甘甜香气与美丽色泽的养生美酒，可以加碳酸汽水调开饮用，也可以加到红茶里，提升红茶的风味。

美容效果

皮肤 浮肿、黑眼圈、黑斑

身体 便秘、腹泻倾向

88

做 法

草莓 … 300g
35%（35 度）的蒸馏酒 … 600mL
柠檬 … 1 个
白砂糖 … 50g

市场旺销期为 12 月
到次年 5 月

最好使用栽种在
室外的草莓

需浸泡
2 星期

1 分别按量备好所需的材料。

2 将草莓去掉蒂头后，轻轻地清洗一下，然后沥干水分，再对半切开。

3

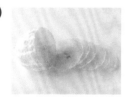

将柠檬去皮后切开。

4 将草莓、柠檬片和白砂糖放进可密封的玻璃瓶里，再慢慢地倒入蒸馏酒，然后密封放置在阴凉处 2 星期左右，熟成后，过滤并移装到窄口玻璃瓶里。

草莓酒
3 月 1 日
浸泡
3 月 15 日
预定过滤

熟成中，沉淀物会堆积
在瓶底

具有相似功效的其他养生酒
●浮肿：薏米酒（P22）、
苦瓜酒（P80）、
奇异果酒（P90）等。
●黑眼圈、黑斑：迷迭香酒（P44）、
蔓越莓酒（P100）、
艾草酒（P118）、
蒲公英酒（P118）等。

熟成过程中，草莓本身的色泽，会逐渐释出到蒸馏酒里而消失，最后变成白色草莓

橘子酒 脾 肺

缓解感冒引起的咳嗽、
多痰

免疫力
UP

身体 轻微感冒、
瘀血

身体
声音沙哑、咳嗽、
喉咙干渴

有效成分与功效

橘子富含维生素 C，能提高免疫力、消除疲劳，并能有效预防感冒。橘子所含的维生素 A，因为能和维生素 C 一起强化黏膜组织功能，所以能有效改善声音沙哑和咳嗽等症状。橘子等柑橘类食物所含的橙皮素，还能促进血液循环，有效改善瘀血症状。

专家主张

橘子能促进脾的运化，调节气的运行，有效改善食欲不振、欲呕、火烧心、腹胀等症状。橘子还能促进肺的功能，帮助祛湿，有效改善痰多和咳嗽等症状。至于橘子的皮，可制成中药材里的陈皮，同样能有效改善食欲不振和欲呕、疼痛等症状。

饮用方法（黄色至橙色）

☑ 直接饮用（30mL）

☑ 加热开水

☑ 加冰块

☑ 加碳酸汽水调开

可以加冰块作餐前酒，也可以加热开水作睡前酒，若加碳酸汽水调开，可以搭配甜点享用。

做　　法

橘子 … 300g
35%（35 度）的蒸馏酒 … 720mL
柠檬 … 1 个

市场旺销期为
9 月至次年 2 月

需 浸 泡
2 个 月

① 用热水将橘子洗净后沥
干，按量备好所需的材料。

② 将橘子剥皮后，将果肉
和果皮分开放置。先将
果肉对半竖切，再对半
横切。

③ 将橘子皮切成细条后，
放在太阳底下曝晒。

④ 将柠檬去皮后切片。

⑤ 将橘子果肉和柠檬片放
进可密封的玻璃瓶里，
再慢慢地倒入蒸馏酒，
等橘皮干燥后，再加进
去一起浸泡，密封放在
阴凉处 2 个月以上，熟
成后，过滤并移装在窄
口玻璃瓶里。

橘子酒

1月1日
浸泡

3月1日
预定过滤

将橘子皮在太阳底下曝
晒后再浸泡，不但能提
升养生酒的功效，还能
减轻苦味

熟成过程中，颜色会逐渐从
黄色转为橙色，酿造出带有
淡淡苦味的橙色养生酒

具有相似功效的其他养生酒
●轻微感冒：洋甘菊酒（P46）、
鼠尾草酒（P52）、
番茄酒（P66）等。
●声音沙哑、咳嗽：百里香酒（P50）、
鼠尾草酒（P52）、
生姜酒（P70）、
无花果酒（P96）等。

苹果酒  心 脾 肺

助消化、促进新陈代谢

有效成分与功效

苹果含有苹果酸等有机酸，能有效消除疲劳，非常适合体力劳动者和身体比较疲劳的人。苹果所含的水溶性食物纤维果胶，还能改善便秘和腹泻等症状；苹果所含的多酚，具有抗氧化作用，与果胶共同作用，能维持皮肤的健康，美肤的效果值得期待。

专家主张

喝太多酒时，隔天早上常常会有浮肿或欲呕的症状，这是因为体内的多余水分没有被排出。苹果因为能促进心、脾、肺的功能，有助于气、血运行，所以能有效调整身体的水分代谢，让体内多余的水分和热能都排放出去，改善皮肤干燥、粗糙，也能改善因瘀血引起的黑斑和黑眼圈问题。胃肠不适，或有便秘、腹泻倾向，欲呕等症状的人，都很适合饮用这种养生酒。

饮用方法（淡黄色）

☑ 直接饮用（30mL）

☐ 加热开水

☑ 加冰块

☑ 可以调制成各种鸡尾酒

可以用来调制各种鸡尾酒，也能加碳酸饮料调匀饮用，或加入少量的肉桂酒，也很好喝。

内脏功能 UP

身体 脾胃弱、消化不良

黑眼圈、黑斑、皮肤粗糙

做　法

苹果 ⋯ 300g
35%（35 度）的蒸馏酒 ⋯ 600mL
柠檬 ⋯ 1 个
白砂糖 ⋯ 50g

全年都买得到——
（盛产期为秋冬季节）

需浸泡
2 个月

1 分别按量备好所需的材料。

2 将苹果洗净后沥干水分，然后纵切成 4 等份，再横切成 5mm 左右的薄片。

3 将柠檬去皮后切片。

4 将苹果、柠檬片和白砂糖放进可密封的玻璃瓶里，再慢慢地倒入蒸馏酒，然后密封放置在阴凉处 2 个月以上，熟成后，过滤并移装到窄口玻璃瓶里。

具有相似功效的其他养生酒
●脾胃弱、消化不良：山楂酒（P28）、
干香菇酒（P40）、
月桂叶酒（P48）、
生姜酒（P70）等。

苹果酒
11月1日
浸泡

1月1日
预定过滤

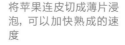

将苹果连皮切成薄片浸泡，可以加快熟成的速度

若用酸味和香气较强的苹果浸泡，就能酿造出具有高雅香气的美味养生酒

无花果酒 脾 肺

适合肠胃不适
食欲不振的人饮用

内脏功能
UP

有效的成分与功效

被称为"长生不老果"的无花果，果实
和叶片的营养价值都很高，不但能够清
血，还能美容，而且所含的蛋白质分解
酶，能改善肠胃不适，非常适合食欲不
振或胃不舒服的人饮用。无花果还含有
水溶性食物纤维果胶，能有效改善便秘，
还能改善喉咙肿胀的症状。

专家主张

无花果有助于脾的运化，帮助调理
肠胃，有效改善腹泻、便秘、消化不
良、肠炎、痔疮等症状，还能促进肺
的功能，有化痰、润喉的作用，帮助改
善喉咙痛、喉咙肿胀和干咳等症状。

饮用方法（深红色）

- ☑ 直接饮用（30mL）
- ☐ 加热开水
- ☑ 加冰块
- ☑ 加红葡萄酒调制成鸡尾酒

可以加冰块作餐前酒，可以加碳酸饮料，
作餐后酒或甜点酒，还可加入红茶，增
添红茶的风味，也可以加入薄荷酒调制
成鸡尾酒。

身体 脾胃弱、消化不良
身体 声音沙哑、咳嗽、
喉咙干渴

做　　法

无花果（新鲜）… 300g
35%（35 度）的蒸馏酒 … 600mL
柠檬 … 1 个
白砂糖 … 50g

全年都买得到
（无花果盛产期为 7—10 月）

如果使用成熟的无花果，
要选择果肉厚实的

需浸泡
2 个月

1 所需的材料按量备好。

2 将无花果洗净后沥干水
分，然后对半纵切或纵切
成 4 等份。

3 柠檬去皮后切片。

4 将无花果、柠檬片和白
砂糖放进可密封的玻璃
瓶里，再慢慢地倒入蒸
馏酒，然后密封放置在
阴凉处 2 个月以上，熟
成后，过滤并移装到窄
口玻璃瓶里。

无化果酒
7 月 1 日
浸泡
9 月 1 日
预定过滤

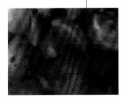

一倒入蒸馏酒，无花果
的有效成分就会逐渐被
溶解出来

使用自己栽种的无花果时，
由于很容易有昆虫跑进无花
果里，一定要仔细清除之后
再浸泡

具有相似功效的其他养生酒
●脾胃弱、消化不良：山楂酒（P28）、
月桂叶酒（P48）、生姜酒（P70）、
苹果酒（P94）等。
●声音沙哑、咳嗽：百里香酒（P50）、
鼠尾草酒（P52）、生姜酒（P70）、
橘子酒（P92）等。

蓝莓酒 肝 肾

适合眼睛疲劳或
肠胃不适的人饮用

健康力
UP

有效成分与功效

蓝莓富含维生素 C，不但能消除疲劳，还具有美肤效果；所含花青素，对消除眼睛的疲劳非常有效，很适合经常使用电脑的人。蓝莓因为含有水溶性食物纤维果胶，能帮助乳酸菌繁殖，调理肠胃，所以对有便秘或腹泻倾向的人也很适合。

专家主张

蓝莓有助于增强肝的功能，能有效改善眼睛疲劳和充血等症状，同时也能促进肾的功能，补充精气，还能消除身体的疲劳，恢复元气，强身固精，对总是无精打采的人，非常有效。

饮用方法（美丽的紫红色）

- ☑ 直接饮用（30mL）
- ☐ 加热开水
- ☑ 加冰块
- ☑ 加在冰淇淋或酸奶里

这种养生酒的色泽非常艳丽，可以加在餐后的甜点上，例如淋在果冻上，也可以加入碳酸饮料饮用。若觉得酸味不足，也可以滴几滴柠檬汁。

身体　　　身体
便秘、腹泻　眼睛疲劳、无精打采

做　　法

蓝莓（新鲜）… 300g
35%（35 度）的蒸馏酒 … 600mL
柠檬 … 1 个
白砂糖 … 50g

市场旺销期为 6—8
月（冷冻的蓝莓——
全年买得到）

**需浸泡
2 个 月**

① 慢慢地将新鲜蓝莓洗净
后沥干水分。

② 所需的材料按量备好。

③ 将柠檬去皮后切片。

④ 将蓝莓、柠檬片和白砂
糖放进可密封的玻璃瓶
里，再慢慢地倒入蒸馏酒，
然后密封放置在阴凉处 2
个月以上，熟成后，过滤
并移装到窄口玻璃瓶里。

蓝莓酒
7月1日
浸泡
9月1日
预定过滤

具有相似功效的其他养生酒
●眼睛疲劳：枸杞子酒（P18）、
菊花酒（P36）、
薄荷酒（P58）等。
●疲劳：鼠尾草酒（P52）、
番茄酒（P66）、明日叶酒（P72）、
大蒜酒（P78）等。

若要使用冷冻的蓝莓，
就直接将其放进蒸馏酒
里浸泡。市面上销售的
冷冻蓝莓，只需浸泡 2
星期就能酿造完成

一倒入蒸馏酒，蓝莓的
有效成分就会立刻被溶
解出来，令养生酒的颜
色变成紫红色

蔓越莓酒 肺肾

滋润皮肤，恢复青春

美容效果

身体 皮肤粗糙、干燥

黑眼圈、黑斑

有效成分与功效

蔓越莓富含具有强大抗氧化作用的维生素 C 和多酚，能增强肌肤抗紫外线侵害的能力，预防皮肤老化。因为含有水溶性食物纤维果胶，能调理肠胃，有效缓解便秘，改善皮肤状况。西方国家有人认为蔓越莓的叶片，能有效预防膀胱炎等泌尿系统疾病。

专家主张

蔓越莓有助于增强肺的功能，帮助气、血运行，有效调节呼吸器官功能，滋润皮肤，进而改善皮肤粗糙以及血液循环不良所引起的黑眼圈和黑斑等症状。蔓越莓还能增强肾的功能，让人恢复青春。

饮用方法（宝石红）

- ☑ 直接饮用（30mL）
- ☐ 加热开水
- ☑ 加冰块
- ☑ 烧烤时的酱汁

这是一种色泽、风味都绝佳的美酒，作餐前酒、餐中酒、餐后酒、睡前酒、甜点酒喝都很适合，也可以加入碳酸饮料，喝起来会像在喝蔓越莓果汁。

维生素 C
蔓越莓多酚
果胶

做　法

蔓越莓（新鲜或冷冻）… 200g
35%（35 度）的蒸馏酒 … 600mL
柠檬 … 1 个
白砂糖 … 50g

市场旺销期为 8—9
月（冷冻的蔓越莓
全年都买得到）

需浸泡
2 个月

① 将新鲜的蔓越莓洗净后
沥干水分，再放到冰箱冷
冻。

② 所需的材料按量备好。

③ 将柠檬去皮后切片。

④ 将冷冻状态下的蔓越莓、
柠檬片和白砂糖放进可
密封的玻璃瓶里，再慢
慢地倒入蒸馏酒，然后
密封放置在阴凉处 2 个
月以上，熟成后，过滤
并移装到窄口玻璃瓶里。

蔓越莓酒
8 月 1 日
浸泡
10 月 1 日
预定过滤

能酿造出酸味较强、
色泽鲜艳的养生酒

具有相似功效的其他养生酒
●皮肤粗糙、干燥：枸杞子酒（P18）、
薏米酒（P22）、
迷迭香酒（P44）、
苹果酒（P94）等。
●黑眼圈、黑斑：迷迭香酒（P44）、
草莓酒（P88）、艾草酒（P118）、
蒲公英酒（P118）等。

一倒入蒸馏酒，蔓越莓
的有效成分就会立刻被
溶解出来，让养生酒的
颜色变成红色

荔枝酒 肝 脾

能补血
并调节身心平衡

**有效舒缓
压力**

有效成分与功效

荔枝的魅力在于其甜甜的香气以及所含的各种维生素。它是无患子科的热带水果，具有很强的抗氧化作用，能有效预防衰老，而且荔枝所含的色氨酸和烟碱酸，都具有滋润皮肤和黏膜的作用，不但有助于维持身体健康，还能减轻不安与忧郁等负面情绪，能改善睡眠。

专家主张

荔枝，被认为具有补血作用，能有效改善皮肤干燥的问题。荔枝还有助于增强肝的功能，缓解因血液循环不良所引起的心浮气躁，可舒缓压力，也能促进脾的运化，有效改善月经不调和经前期综合征、头痛、喉咙干渴等症状。

饮用方法（茶红色）

- ☑ 直接饮用（30mL）
- ☐ 加热开水
- ☑ 加冰块
- ☑ 加牛奶调开

适合搭配中式点心或中式甜点饮用，也可加入到红茶或乌龙茶里，提升茶饮的风味，甚至可以加入碳酸饮料，搭配一般的甜点享用。

心理 失眠、忧郁

♂♀ 月经不调、经前期综合征

色氨酸　维生素B₂　维生素C

烟碱酸　维生素B₁

新鲜荔枝的收获期
为4月下旬至8月

做　　法

荔枝（冷冻）… 300g
35%（35度）的蒸馏酒 … 600mL
柠檬 … 1个
白砂糖 … 50g

使用新鲜的荔枝浸
泡时，酿造方法一
样，但必须浸泡2
个月以上才会熟成

**需浸泡
1个月**

① 按量备好所需的材料。

② 将冷冻荔枝洗净，同时
等解冻后将果肉和果壳
分开。

荔枝酒
5月1日
浸泡
- - - - - - -
6月1日
预定过滤

③ 从果肉里将核取出。

④ 将柠檬去皮后切片。

⑤ 将荔枝壳、果肉、核、
柠檬片和白砂糖全部放
进可密封的玻璃瓶里，
再慢慢地倒入蒸馏酒，
然后密封放置在阴凉处1
个月以上，熟成后，过滤
并移装到窄口玻璃瓶里。

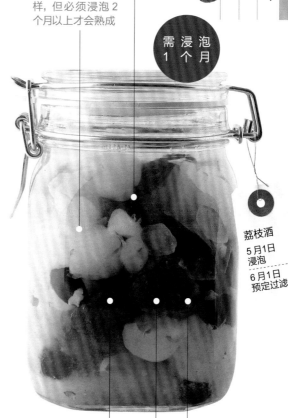

能酿造出香气温和、
味道甘甜的养生酒

过滤后，只要再单独
将核放进去浸泡，就
能继续萃取出有效成
分，酿造出更具香气
的养生酒

具有相似功效的其他养生酒
●失眠：栀子酒（P30）、
洋甘菊酒（P46）、
薰衣草酒（P56）、
西洋芹酒（P76）等。
●月经不调：红花酒（P26）、
艾草酒（P118）等。

要不要将荔枝壳加进去
一起浸泡，纯属个人的
喜好，不加也没关系

103

调味酱、食用油、酱汁

无法长期保存的新鲜食材，只要下点工夫，就能做成调味酱或食用油，不但使用方便，还能搭配各种蔬菜或肉类，做成养生菜肴，当然还可以搭配养生酒一起享用。

红酒洋葱酱

可以应用在清蒸鸡肉、苜蓿芽以及烤牛肉片或蒲公英沙拉等菜肴里

材　料

洋葱酒所用的洋葱 … 50g

大蒜 … 1 瓣

Ⓐ 橄榄油 … 4 大匙

红酒醋 … 2 大匙

盐 … 1/2 小匙　胡椒…少许

柠檬汁 … 少许　醋 … 少许（依个人喜好）

做　法

❶ 将洋葱切碎。

❷ 将大蒜磨成泥。

❸ 将洋葱末、大蒜泥、Ⓐ 放进锅里，搅拌均匀即可。

※ 很适合淋在风味比较独特的沙拉上享用，也可搭配薰衣草酒或蔬菜酒享用。

新鲜香草酱

可以应用在番茄、奶酪、嫩叶菜以及烟熏鲑鱼沙拉等菜肴里

材　料

切碎的什锦香草（百里香、薄荷和荷兰芹等）… 共10g

橄榄油 … 4 大匙

白酒醋 … 2 大匙

盐 … 1/2 小匙　胡椒 … 少许

柠檬汁 … 少许　柑橘类果汁（100% 纯柳橙汁）… 2 大匙

做　法

将所有材料放进锅里搅拌均匀即可。

※ 可以搭配枸杞子酒、红花酒或红枣酒等养生酒享用。

迷迭香油

可应用于鸡肉、羊肉或牛肉烧烤

材料

迷迭香 … 3 ~ 5 根
大蒜 … 1 瓣
黑胡椒粒 … 10 粒
橄榄油 … 300mL

做法

① 将大蒜切成 4 等份。
② 将迷迭香、大蒜和黑胡椒粒放进窄口玻璃瓶里，然后倒满橄榄油，再盖紧盖子放置 10 天，让材料熟成即可。
※ 很适合搭配百里香酒或鼠尾草酒等香草酒。

蔓越莓酱

可以应用于松饼、冰淇淋或鸡肉烧烤

材料

蔓越莓 … 150g　水 … 1 大杯
白砂糖 … 4 大匙　柠檬汁 … 1 大匙
白兰地 … 少许（依个人喜好）
玉米粉 … 1 小匙

做法

① 将蔓越莓和水放进搅拌机里搅拌均匀，然后再过滤。
② 将①的蔓越莓汁、白砂糖和柠檬汁放进锅里煮，沸腾后转为小火继续煮。
③ 用玉米粉水（玉米粉：水=1:1）继续煮，变浓稠之后，就关火并移开锅，最后再加入白兰地搅拌一下。
※ 搭配薄荷酒享用，吃起来会很爽口。

肝 类别（请参照第125页）

枸杞子、红枣、菊花复方酒

能消除压力大引起的心浮气躁

需浸泡
10 天

适合不同体质的复方酒

第18～103页所介绍的养生酒，是由单一食材酿造出的单味酒，复方酒则是将几种食材同时浸泡在一起制成的养生酒。下面就以各食材的归经为依据，参照第122~123页的内容来介绍适合不同体质的复方酒。

枸杞子（请参照第18页）
补肝肾，有效消除眼睛疲劳。
归肝、肾经

红枣（请参照第20页）
能促进肠胃功能，提高消化能力，也能补血，进而稳定情绪。
归脾、肾经

菊花（请参照第36页）
清热，并缓和紧张情绪，还能缓解肿胀。
归肝、肺经

这是一款能稳定情绪的复方酒，因为能有效调理肠胃，进而补血，不但有助于调节身心，还能有效消除疲劳并预防衰老。由于春天肝火偏旺，所以这种复方酒可以当成春天的养生酒饮用。

1 星期后

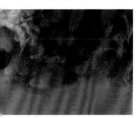

红色的食物一向被认为具有造血的功能，所以人们经常会将枸杞子和红枣搭配在一起使用

复方酒
· 枸杞子
· 红枣
· 菊花

3月1日浸泡
3月10日过滤
4月10日
开始饮用（预定）

做　法

枸杞子 ··· 40g　红枣 ··· 40g　菊花 ··· 20g
25%（25 度）的蒸馏酒 ··· 900mL　蜂蜜 ··· 100g

❶ 将按量备好的枸杞子、红枣、菊花放进可密封的玻璃瓶里，再慢慢倒入蒸馏酒。

❷ 密封放置在阴凉处，每天要晃动 1 次玻璃瓶，10 天左右，过滤并取出食材。将过滤后的养生酒，加入 100g 蜂蜜，以及先前取出的食材的 1/10，再放置 1 个月，待养生酒完全熟成。

饮用方法

1 天饮用 2～3 次，1 次 20mL，可以作餐前酒或餐中酒。

肉桂、莲子、高丽参复方酒
适合心神不宁或失眠的人饮用

需浸泡
10天

1 星期后

莲子也可以用中药材里的桂圆肉来替代，具有同样的效果

高丽参（请参照第32页）

能补元气，尤其能促进肠胃和呼吸器官的功能，有效预防贫血和精力减退等症状。

归脾、肺经

肉桂（请参照第54页）

能温热身体，减缓因虚冷所引起的疼痛，也能提高消化功能。

归肝、脾、肾经

莲子

能增强心的功能，有助于稳定情绪，也能帮助消化，有止泻作用。

归心、脾、肾经

这是一款能调节情绪,舒缓压力的复方酒,能有效温热身体,促进肠胃的功能,也能补气血,有助滋补强身,非常适合容易疲劳的人饮用。只要将这款复方酒当作夏天的养生酒来补心,就能身体强健地度过酷热的夏天。这种复方酒在夏天饮用能补心。

复方酒
· 肉桂
· 莲子
· 高丽参

7月1日浸泡
7月10日过滤
8月10日
开始饮用(预定)

做　法

肉桂 … 40g　莲子 … 30g　高丽参 … 30g
25%(25度)的蒸馏酒 … 900mL　蜂蜜 … 100g

❶ 将按量备好的肉桂、莲子、高丽参放进可密封的玻璃瓶里,再慢慢地倒入蒸馏酒。
❷ 密封放置在阴凉处,每天要晃动1次玻璃瓶,10天左右过滤并取出食材。将过滤后的养生酒,加入100g蜂蜜,以及先前取出的食材的1/10,再放置1个月,待养生酒完全熟成。

饮用方法

1天饮用2～3次,1次20mL,可以作餐前酒或餐中酒。

脾 类别（请参照第 127 页）

茴香、生姜、陈皮复方酒
适合易愁烦或食欲不振的人饮用

需浸泡
10 天

1 星期后

茴香的独特香气和柑橘类的酸味混合在一起，形成一种清爽的风味

茴香
能温热整个身体，调理脾胃。
归肝、脾、肾经

生姜（参照第 70 页）
能促进发汗，散寒、理气，也能有效缓解精神压力。
归脾、肺经

陈皮
是将橘子皮晒干而来的，能促进消化与吸收，有效改善食欲不振，也能改善打嗝和腹胀。
归脾、肺经

这是一款能理气除烦，促进气流动的复方酒。生姜和陈皮能温胃，并促进消化，进而促进新陈代谢，有效缓解精神压力。梅雨季节脾的运化功能会变差，所以还可以将这款复方酒作为梅雨季的养生酒饮用。

复方酒
• 茴香
• 生姜
• 陈皮

5月1日浸泡
5月10日过滤
6月10日
开始饮用（预定）

做　　法

茴香 ⋯ 20g　生姜 ⋯ 30g　陈皮 ⋯ 50g
25%（25度）的蒸馏酒 ⋯ 900mL　蜂蜜 ⋯ 100g

❶ 将按量备好的茴香、生姜、陈皮放进可密封的玻璃瓶里，再慢慢地倒入蒸馏酒。

❷ 密封放置在阴凉处，每天要晃动1次玻璃瓶，10天左右过滤并取出食材。将过滤后的养生酒，加入100g的蜂蜜，以及先前取出的食材的1/10，再放置1个月，待养生酒完全熟成。

饮用方法

1天饮用2～3次，1次20mL，可以作餐前酒或餐中酒。

百合、陈皮、薏米复方酒
适合需要美肤的人饮用

需浸泡
10 天

1 星期后

先将薏米干炒过后再浸泡，就能
酿造出香气十足的养生酒

薏米（请参照第 22 页）
能提高肠胃的功能，有效
祛湿，对改善化脓性的皮
肤症状、皮肤粗糙、长痘
痘等都有效。
归脾、肺、肾经

百合
能润肺、止咳，并滋润
皮肤，也能让心浮气躁
的情绪稳定下来。
归心、肺经

陈皮（请参照第 110 页）
能改善消化器官的不良状
况，也能理气
归脾、肺经

这是一款能祛湿、理气，提高解毒效果的复方酒。百合和薏米能滋润皮肤，解决长痘痘的烦恼，也能改善浮肿和神经痛等症状。可缓解炎夏的疲倦，并有助于贮存能量度过严寒的冬天，非常适合作为秋天的养生酒来饮用。

复方酒
• 百合
• 陈皮
• 薏米

9月1日浸泡
9月10日过滤
10月10日
开始饮用（预定）

做　　法

百合 ··· 50g　陈皮 ··· 20g　薏米 ··· 30g
25%（25度）的蒸馏酒 ··· 900mL　蜂蜜 ··· 100g

❶ 将按量备好的百合、陈皮、炒干并已降温的薏米放进可密封的玻璃瓶里，再慢慢地倒入蒸馏酒。

❷ 密封放置在阴凉处，每天要晃动 1 次玻璃瓶，10 天左右过滤并取出食材。将过滤后的养生酒，加入 100g 的蜂蜜，以及先前取出的食材的 1/10，再放置 1 个月，待养生酒完全熟成。

饮用方法

1 天饮用 2～3 次，1 次 20mL，可以作餐前酒或餐中酒。

肾 类别（请参照第 129 页）

山药、松子、枸杞子复方酒
能预防衰老、滋补强身

需浸泡
10 天

1 星期后

从山药里溶解出来的有效成分，
会令这款养生酒变得浓稠

山药（请参照第 68 页）

能强健肠胃、补充体力，
也能补气，有效补充气力、
精力等。

归脾、肺、肾经

松子

能润肺，让皮肤不容易变
干燥，也能有效预防出现
黑斑、皱纹和长白发等。

归肝、肺、肾经

枸杞子（请参照第 18 页）

能调理肝、肾的功能，有
效改善腰腿无力等症状。

归肝、肾经

114

这是一款能补气、血，提高肾的功能，有助于恢复青春的复方酒，山药具有很强的滋补效果，非常适合易疲劳以及有早衰征兆的人饮用。由于冬天肾功能偏弱，所以这款复方酒还可以当成冬天的养生酒饮用。

复方酒
·山药
·松子
·枸杞子

12月1日浸泡
12月10日过滤
1月10日
开始饮用（预定）

做　法

山药 … 50g　松子 … 20g　枸杞子 … 30g
25%（25度）的蒸馏酒 … 900mL　蜂蜜 … 100g

❶ 将按量备好的切片山药、松子、枸杞子放进可密封的玻璃瓶里，再慢慢地倒入蒸馏酒。

❷ 密封放置在阴凉处，每天要晃动1次玻璃瓶，10天左右过滤并取出食材。将过滤后的养生酒，加入100g蜂蜜，以及先前取出的食材的1/10，再放置1个月，待养生酒完全熟成。

饮用方法

1天饮用2～3次，1次20mL，可以作餐前酒或餐中酒。

115

日常生活里常见的植物，其实也是非常好的酿造养生酒的食材，尤其是自古就被视为象征吉祥而受众人喜爱的植物。接下来将介绍用松叶、竹叶、艾草和蒲公英酿造的养生酒。

注意 ●需尽量摘取土壤、空气、水质等污染较少，生长环境较佳的植物来酿造。●原则上应使用已经成熟的植物来酿造，而非尚处在生长期的植物。可能也有例外的情况，应依据植物的自身特点而定，最好请教专业人士。●即使是同样的植物，也会因为使用部位的不同，使得酿造后的效果不同，因此，务必依据自己的目的来选择适当的植物部位。

用常见植物
酿造养生酒

艾草酒

蒲公英酒

松叶酒

竹叶酒

116

松叶酒

促进血液循环
由内而外恢复青春

- 全年（7—8月的新叶最佳）
- 2个月就能酿造完成

做　法

新鲜松叶 … 40g
35%（35度）的蒸馏酒 … 720mL

❶ 将小树枝上的松叶叶片摘取下来，然后清洗干净，再放在滤网里，晾干。
❷ 沥干水分后，切成3cm左右。
❸ 将松叶放进可密封的玻璃瓶里，再慢慢地倒入蒸馏酒，然后放置在阴凉处2个月以上，熟成后，过滤并移到窄口玻璃瓶里。

重　点

7—8月时开始变硬的新鲜叶片是最佳选择，一般会使用红松来酿造，黑松也同样有效。

饮用方法（黄色至淡黄褐色）

加冰块饮用，或加梅酒调成鸡尾酒喝。

功　效

- 强身、固体 ● 预防腰腿的衰老
- 预防健忘

松叶，能有效预防衰老和慢性病，并有效缓解压力。也能有效舒通血管，促进血液循环，有效排毒，改善失眠。

竹叶酒

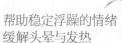

帮助稳定浮躁的情绪
缓解头晕与发热

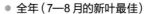

- 全年（7—8月的新叶最佳）
- 1个月就能酿造完成

做　法

新鲜竹叶 … 40g
35%（35度）的蒸馏酒 … 720mL

❶ 选择新鲜的竹叶，清洗干净后，再沥干水分。
❷ 较大的竹叶，可以用剪刀剪开。
❸ 将竹叶放进可密封的玻璃瓶里，再轻轻倒入蒸馏酒，然后密封放置在阴凉处1个月以上，熟成后，过滤并移到窄口玻璃瓶里。

重　点

7—8月时开始变硬的新鲜叶片是最佳选择，竹子可以使用真竹、孟宗竹等，其他种类的竹，甚至和竹同种类的植物的叶子，都可以拿来酿造。

饮用方法（带有绿色的黄色）

直接饮用或加冰块饮用，也可以加入甜味调味料和梅酒，调成鸡尾酒喝。

功　效

- 缓解头晕、发热
- 安眠 ● 舒缓忧郁情绪

竹叶，能帮助排出体内的废物，让血液清畅，还具有消除发烧症状的功效，非常适合肠胃较弱的人，或有头晕、发热症状的人，或心情不佳的人饮用。

艾草酒

肝 脾 肾

调理气、血
消除虚冷症状

- 4—8 月时成熟的新叶最佳
- 1个月就能酿造完成

做　法

新鲜艾草 … 40g
35%（35 度）的蒸馏酒 … 720mL

❶ 选择已经成熟的艾草，然后清洗干净，再沥干水分。
❷ 将艾草稍微剪开。
❸ 将艾草放进可密封的玻璃瓶里，再慢慢地倒入蒸馏酒，然后密封放置在阴凉处 1 个月以上，熟成后，过滤并移到窄口玻璃瓶里。

重　点

喜欢草腥味的人，可以将艾草剪开之后，先稍微晒干，再拿来浸泡。

饮用方法（黄色至淡黄褐色）

直接饮用或加冰块饮用，也可以加入甜味调味料喝。

功　效

- 缓解月经不调
- 消除黑眼圈、黑斑
- 预防腰腿的衰老

若要酿造养生酒，必须选用已经成熟的艾草。艾草能调理气、血，祛湿，有效改善因虚冷而引起的腰痛、腹痛、月经不调以及黑眼圈等。

蒲公英酒

肝

祛湿排毒

- 春至秋（春天已经开花的蒲公英最佳）
- 1个月就能酿造完成

做　法

新鲜蒲公英（根、茎、叶、花）… 60g
35%（35 度）的蒸馏酒 … 720mL

❶ 去除蒲公英根部的泥土，并将整枝蒲公英清洗干净，再沥干水分。
❷ 将根剪出小切面，再将叶片大致剪开，花朵则直接浸泡。
❸ 将剪好的蒲公英放进可密封的玻璃瓶里，再慢慢地倒入蒸馏酒，然后密封放置在阴凉处 1 个月以上，熟成后，过滤并移到窄口玻璃瓶里。

重　点

先将根剪下，再分别清洗根和叶，会比较容易洗掉泥土。若能稍微晒干后再浸泡，效果会更好。

饮用方法（黄色至淡黄褐色）

直接饮用或加冰块饮用，也可以加入甜味调味料喝。

功　效

- 预防贫血 ● 护肤美容 ● 滋补强身

中药材里的蒲公英具有调节激素的平衡、利尿，以及解毒等功效，还能促进血液循环，对改善皮肤的暗沉和干燥很有效。

第 3 章

了解专家主张，
找到适合自己体质的
养生酒。

怎样找到适合自己的养生酒

酿造养生酒
尝试复方酒：
枸杞子、红枣、
菊花复方酒，
预定
4月10日
开始饮用。

任何人饮用养生酒，都有适不适合的问题，所以一开始必须先了解自己的体质，并考虑自己目前的身体状态，以及想改善的地方，再对照养生酒的功效，选出适合自己的养生酒。其实要找到百分之百适合自己的养生酒并不容易，开始时不妨试着少量酿造 2～3 种适合自己体质的养生酒，在酿造完成后，每一种养生酒持续饮用两三天，观察自己身体和心情的变化，以及该养生酒的口味，饮后有无不适感等。尝试过 3 种不同的养生酒，一般就能找到比较适合自己的那一款了。因为通常身体在摄取到自己真正需要的养分和药效成分时，潜意识会认为该食品很美味。养生酒也是如此，如果是适合自己的养生酒，喝起来往往会觉得美味，不必想得太复杂，只要先酿造看看，再试饮看看就行了。先从尝试与感觉开始吧。

确认自己的体质

请在 A 至 E 各类别中，
依据你平常的身体状况，
在相应的症状前打钩，
打钩项目多的类别，就是你的体质类别。
体质类别不见得都是单一的，
如果有不同类别的打钩项目合计数相同，
就必须同时阅读这些类别的说明内容。
唯有清楚掌握自己的体质类别，
才能从第 2 章所介绍的养生酒中，
选出适合自己的那一款。

TYPE A

合计

□心浮气躁
□不容易冷静下来
□脸色苍白
□即使睡着也很容易醒来
□常常做梦
□容易发起床气、身体疲倦
□腹部胀胀地充满气体
□容易头痛
□眼睛疲劳甚至充血
□容易眩晕
□肩膀严重僵硬酸痛
□指甲容易断裂
□月经不调、痛经

TYPE B

合计

- □常常毫无理由地感到不安
- □有时会歇斯底里
- □胸口有压迫感
- □身体疲倦，没有气力
- □常常睡不着
- □会做非现实的噩梦
- □脸颊潮红
- □异常流汗
- □容易口渴
- □常常头晕
- □舌头溃烂、发炎
- □心悸、喘不过气
- □心律不齐

TYPE C

合计

- □容易发愁、烦恼
- □身体疲倦很难受
- □提不起劲来
- □没有食欲
- □胃闷
- □胃会发出有水的声音
- □容易腹泻
- □容易得口腔炎、口角炎
- □容易长痘痘或化脓
- □嘴唇容易干燥
- □脸和手的皮肤颜色偏黄
- □容易浮肿
- □异常地想吃甜食

TYPE D

合计

- □常常悲从中来
- □鼻塞或鼻水过多
- □有花粉症等过敏情形
- □有时会呼吸困难
- □常常被人说皮肤白皙
- □皮肤脆弱或为敏感性皮肤
- □皮肤干燥不够滋润
- □容易感冒
- □喉咙容易干燥甚至肿胀
- □容易咳嗽和生痰
- □很少上厕所
- □声音较小或不够力
- □经常腹泻或便秘

TYPE E

合计

- □容易大惊小怪
- □不论睡多久还是觉得困
- □经常忘东忘西
- □经常跑厕所
- □好发膀胱炎
- □全身上下都容易浮肿
- □有腰痛毛病
- □骨骼脆弱
- □经常掉发或头发滋润不足
- □容易耳鸣甚至听不清楚
- □肤色有些黝黑
- □手脚发烫或虚冷
- □月经不调或月经量减少

不同体质的
身体表现

你属于哪种体质呢? 现依据中医的五脏概念来分析你的体质类别特征。中医将我们体内的器官依其化生和贮藏精气的生理功能特点，分为心、肝、脾、肺、肾来思考，也就是所谓的五脏。

其中只要有任何一脏的功能变弱，就会让我们的身体和心理出现不适的症状，所以首先必须认真面对我们的身体，察觉身体不适的征兆，再找出适合自己体质的养生法，例如应该选择哪种食物与养生酒来保养自己的身体。

所谓五脏	根据器官的化生和贮藏精气的生理功能特点分为心、肝、脾、肺、肾 5 类，虽然名称和西医的器官名称相同，但其内涵是不同的。

调整五脏的关系平衡，
也调整自律神经和运动神经，
并贮存血液。

肝

负责生长、发育
与贮存生殖能量，
调节水分代谢和听觉功能，
并负责贮存和排泄尿液。

肾

负责血液循环，
以及调节睡眠，
并与脑部一起负责
调整情绪和意识。

心

肺

脾

调节呼吸功能，
也调节嗅觉，
负责排泄代谢后的废物。

调节消化与吸收功能，
也调节血液的流动，
并负责肌肉生长，
以及吸收和输送食物的营养。

项目最多的人

属于心浮气躁、压力较大的
肝 类别

中医中肝的功能是指肝脏、胆囊、肌肉、眼睛、指甲等器官的运化方式与生理功能。

当五脏中的肝的功能变弱时

有体力时，虽然脑筋转动得很快，做起事来非常干净利落，却也容易心浮气躁，容易在意各种芝麻小事，因此冷静不下来。一旦没有体力时，身体功能就会失衡，反应变得比较迟钝，也容易变得没有气力，甚至容易沮丧。

身体不适的表现

睡不着、心浮气躁、疲倦、自律神经紊乱、眼睛疲劳、头痛、更年期障碍，出现黑斑、荨麻疹等。

肝的食物养生法

多摄取带有酸味的食物，或有较强香气的食物，以及具有调节肝功能作用的食物，设法让情绪保持平稳。

推荐的养生酒

枸杞子酒（P18）、山楂酒（P28）、菊花酒（P36）、荷兰芹酒（P62）、西洋芹酒（P76）、洋葱酒（P82）、蓝莓酒（P98）、荔枝酒（P102）、复方酒·肝（P106）等。

B 项目最多的人

属于情绪不稳定又不容易冷静的

 类别

中医中心的功能是指心脏、小肠、舌头、脸等器官的运化方式与生理功能。

当五脏中的心的功能变弱时

有体力时，脑筋转动得很快，也容易因为芝麻小事而心浮气躁，或变得特别活泼，呈现情绪不稳定的一面，同时容易忘东忘西。一旦没有体力时，不论做什么事，都觉得无趣，甚至觉得不安，完全提不起劲来。

身体不适的表现

睡不着、心浮气躁、疲倦、常常头晕、手脚发烫、情绪忧郁、心悸、喘不过气、胸口有压迫感等。

心的食物养生法

多补充带有苦味的食物，以及能补气的食物，并积极摄取具有散发多余热能、有滋润作用的食物，以加强心的功能。

推荐的养生酒

红花酒（P26）、栀子酒（P30）、
薰衣草酒（P56）、苦瓜酒（P80）、
苹果酒（P94）、复方酒·心（P108）、
竹叶酒（P117）等。

 项目最多的人

属于肠胃虚弱又容易发愁烦恼的

 类别

中医中脾的功能是指脾脏、胃、嘴巴、嘴唇、肌肉等器官的运化方式与生理功能。

当五脏中的脾的功能变弱时

有体力时，喜欢用吃东西的方式来解除压力，而且在采取行动之前，容易因为想太多而变得过度谨慎。一旦没有体力时，就会因为过度烦恼而失去食欲，身体也会觉得疲倦，完全失去活力。

身体不适的表现

过敏性肠炎、月经不调、长青春痘、嘴唇干燥、口腔炎、胃痛、食欲不振、腹胀、容易浮肿、味觉变迟钝等。

脾的食物养生法

选择根菜类和壳类等，具有健脾功效的食物，同时适度补充具有甜味的食物，设法改善消化器官的功能，也别忘了保证睡眠充足。

推荐的养生酒

红枣酒（P20）、薏米酒（P22）、
鼠尾草酒（P52）、生姜酒（P70）、
无花果酒（P96）、复方酒•脾（P110）等。

 项目最多的人

属于过敏体质且皮肤和喉咙易出现问题的

 类别

中医中肺的功能是指肺脏、大肠、皮肤、鼻子等器官的
运化方式与生理功能。

当五脏中的肺的功能变弱时

有体力时，因为比较感性，对喜怒哀乐的情绪
感受比较强烈,容易导致感伤。一旦没有体力时,
就会因为想太多而容易哭泣，对季节的变换也
比较难以适应，常常一感冒就不容易好，总是
拖得很久。

身体不适的表现

皮肤干燥、粗糙，喉咙发干、肿胀，咳嗽、生痰，腹泻、便秘,
花粉症或鼻炎等过敏情形。

肺的食物养生法

能改善肺的功能，具有止咳和滋润皮肤作用的食物中，最值
得推荐的就是坚果类、种子类和果实类食物。具有辣味的
食物，也有调节肺功能的效果。

推荐的养生酒

百里香酒（P50）、薄荷酒（P58）、
紫苏酒（P84）、苹果酒（P94）、
蔓越莓酒（P100）、复方酒·肺（P112）等。

项目最多的人

属于生命力变弱又元气不足的

 **肾** 类别

中医中肾的功能是指肾脏、膀胱、耳朵、泌尿系统、生殖系统等器官的运作方式与生理功能。

当五脏中的肾的功能变弱时

容易因为芝麻小事而受到惊吓，属于比较胆小的人，所以一旦没有体力时，就会变得非常怯懦，对任何事都显得毫无自信，也会因为记忆力变差，无法完整思考，甚至不管睡多久，都会觉得睡不够。

身体不适的表现

腰痛、疲倦、浮肿、上厕所次数变多、虚寒、月经不调或痛经、眩晕或耳鸣、黑斑或皱纹越来越明显、容易掉发或长白发等。

肾的食物养生法

多摄取有温补功效的食物，以及带有盐味的食物，设法加强肾的功能。

推荐的养生酒

黑芝麻酒（P24）、黑豆酒（P38）、迷迭香酒（P44）、山药酒（P68）、山独活酒（P74）、复方酒·肾（P114）、艾草酒（P118）等。

享受养生酒的乐趣，实现饮食养生，调节失衡的身体功能。

在日常生活中我们常常因为工作压力大、疲劳过度、生活不规律或饮食不当而引起身体不适。实际上能感受到身心健康又舒适的日子，并不是那么多。这种不健康的生活方式，如果持续下去，很容易导致身心失调，那些以往只是觉得身体不太舒服的情形（未病），到最后真的都会变成疾病。

一旦觉得身体不适，就应该立刻思考气、血、津液的问题，因为中医认为唯有这3个要素维持平衡的关系，才叫做健康，只要其中有一项不足，或循环不畅，就会引发身体不适或疾病。

养生酒能依据所浸泡食材的特性，发挥不同功效，而且酒精有温热身体、释放压力、促进睡眠等作用，所以养生酒的功效更值得期待。只要懂得活用养生酒，就能在享受美酒的同时，达到改善生活品质与体质的目的。

气、血、津液扮演着联结五脏的角色。中医学中的气是指构成人体的基本物质，也指维持人体生命活动的精微物质；血是指血液；津液则指机体一切正常水液的总称，如胃液、唾液、尿液、汗液等液体。当我们在健康的状态下，气、血、津液会保持均衡，但只要其中有一项不足，或是停滞不前，我们的身体就会出现不舒服。

气

流动在身体里的生命能量，存在于人体的无形的精微物质，维持着脏腑功能。

● 气的功能失调所引发的问题
当气机不调、气不充沛、运行不畅时……

气虚 类型　气不足时，免疫力会下降，疲乏无力，容易使疾病拖得久长，也会加速老化。

气郁 类型　气的流动停滞不前时，会引发肝郁不舒、气机郁滞，导致心浮气躁、思虑、失眠等。

血

是指血液本身与血液的功能，血液环流全身，濡养滋润全身脏腑。

● 血的功能失调所引发的问题
当血液亏虚不充盈，循行不通畅时……

血虚 类型　血液不足时，新陈代谢功能会下降，容易导致脸色变差、皮肤干燥、指甲断裂、掉发等。

血瘀 类型　血液的流动停滞不前时，会引发皮肤干燥粗糙，出现黑斑、黑眼圈，常有肩膀酸痛、头痛、头晕等。

津液

包括各脏腑形体官窍的内在液体及正常的分泌液，是机体一切正常水液的总称。

● 津液的功能失调所引发的问题
当津液输布代谢功能失调、体内水分过剩时……

水滞 类型　津液的流动停滞不前时，会引发浮肿、虚冷、关节痛、口渴、眩晕、耳鸣等症状。

所谓的归经是指食物发挥作用的"地方"。进入体内的食物，会沿着气、血的通道经络运行到达全身的脏器里，包括头顶和手脚指尖等各个部位，而在这个过程中，食物发挥作用的部位，以五脏的观念来说，就叫做归经。

例如黑芝麻的归经之一肝，代表的并非单纯西医所称的脏器肝脏，因为五脏中的肝，包含肝脏、胆囊、肌肉、眼睛和指甲等，所以黑芝麻不但适合体质确认表中，属于肝类别（第125页）的人摄取，也适合指甲容易断裂的人，以及眼睛容易疲劳的人摄取。

从体质类别来认识食物的归经，并积极摄取适当的食物，就是一种饮食养生法，而养生酒就具有这样的功效。

归 肝 经的食物

薄荷、荷兰芹、西洋芹、春菊等香气较强的食材，以及黑芝麻、梅子、番茄、草莓、蓝莓、荔枝等食材。

一旦肝变弱……

肝经和胆经上的肝脏、胆囊、肌肉、眼睛、指甲会出现不良症状

- 头痛
- 心浮气躁、容易动怒
- 疲倦
- 睡不着
- 血液循环、代谢功能变差

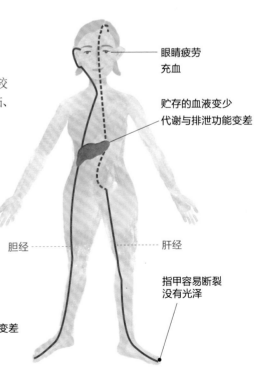

眼睛疲劳
充血

贮存的血液变少
代谢与排泄功能变差

胆经 —— —— 肝经

指甲容易断裂
没有光泽

归 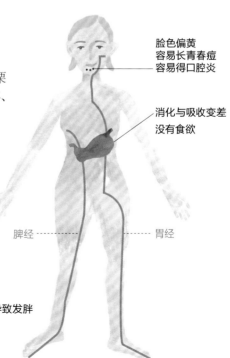 心 经的食物

西瓜、苦瓜等凉性的食材，以及红花、栀子、姜黄、薰衣草、百合等食材。

一旦心变弱……

心经和小肠经上的心脏、小肠、舌头、脸部会出现不良症状

- 气会上冲到上半身
- 因为压力而情绪不稳定
- 睡不着
- 心浮气躁、忧郁

头脑浑浑噩噩不清明

脸部发烫
头晕、喘不过气

血液循环变差
严重心悸

心经

小肠经

归 脾 经的食物

毛豆、黑豆、蚕豆、地瓜、马铃薯、栗子等带有甜味的食材，以及薏米、红枣、莲子、大蒜、生姜、无花果等食材。

一旦脾变弱……

胃经和脾经上的脾脏、胃、口腔、嘴唇、肌肉会出现不良症状

- 发愁与烦恼
- 浮肿
- 很想吃甜食
- 容易为解除压力而过食导致发胖

脸色偏黄
容易长青春痘
容易得口腔炎

消化与吸收变差
没有食欲

脾经

胃经

133

归 肺 经的食物

柿子、梨、橘子、苹果、草莓、蔓越莓
等水果，以及紫苏、百里香、鼠尾草、
豆蔻、高丽参、山药等食材。

一旦肺变弱……

肺经和大肠经上的肺、大肠、皮
肤、鼻子会出现不良症状

- 容易感冒
- 呼吸功能变差
- 容易得花粉症或过敏症
- 便秘、腹泻

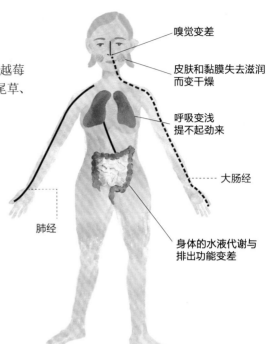

嗅觉变差

皮肤和黏膜失去滋润
而变干燥

呼吸变浅
提不起劲来

大肠经

肺经

身体的水液代谢与
排出功能变差

归 肾 经的食物

黑芝麻、核桃、松子、肉桂等能温热身体
的食材，以及山药、明日叶、山独活、金针花、
圆白菜、韭菜等食材。

一旦肾变弱……

肾经和膀胱经上的肾脏、膀胱、
耳朵、泌尿器、生殖器会出现不
良症状

- 成长、发育、生殖能力变差
- 虚冷
- 精力衰退、未老先衰
- 生命力衰退
- 月经不调

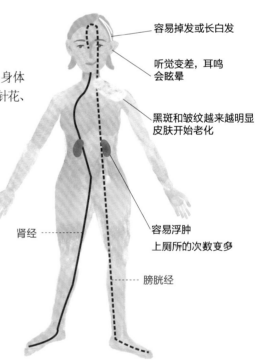

容易掉发或长白发

听觉变差，耳鸣
会眩晕

黑斑和皱纹越来越明显
皮肤开始老化

肾经

容易浮肿
上厕所的次数变多

膀胱经

134

药酒（养生酒）的历史

提到药酒就想到中国。中国有无数种药酒，大多是由浸泡动植物制成的。中国自古就将酒当成药来使用，中国会出现药酒，是为了萃取出药的精华。传统的药酒，可大致分为滋补强身与延年益寿的药酒（预防药酒），以及对症下药的药酒（治疗药酒）两种。延年益寿的药酒有枸杞子酒和养老酒等，对症下药的药酒有北京虎骨酒、风湿木瓜酒等，对治疗风湿和神经痛都有疗效。中国很早就出现了药酒，明代中期的名医李时珍（1518—1593），在他所著的《本草纲目》中，就列举出了69种药酒。

药酒早已渗透在中国人的日常生活里，除了有混合山药、鹿茸和枸杞子所制成的参茸酒等复方酒外，还有杨贵妃酒、不老酒等，药酒种类繁多。

在日本也有养命酒和陶陶酒等以滋补强身为目的而酿造出来的药酒，而且早在江户时代，民间就已经存在许多不同的药酒。此外，过年时饮用的屠苏酒，重阳节（农历九月初九）饮用的菊花酒，也都是从中国传过来的药酒。菊花酒据说是出现在后汉时，由仙人传给弟子，目的在于消灾解厄，实际上菊花酒具有清热、镇静、补充营养、解渴、消除眼睛疲劳等功效。

另外，在西方国家，同样随处可见浸泡药草和香草的药酒（利口酒）。例如沙特勒兹酒、君度橙酒、金巴利酒等，都相当有名，尤其是沙特勒兹酒，在中世纪的修道院里，更被当成治疗伤病专用的药酒，并代代传承下来。据说这种药酒由130种以上的药草和香草酿造而成，药酒名称更是直接取自修道院的名字。实际上西洋的利口酒，经常被用来调制鸡尾酒。

可见不论东方西方，酒始终伴随人类的历史而存在，而药酒也始终伴随酒的历史而存在。饮用以大自然赐予的食材酿造出的药酒，对生活在现代的我们而言，可以说是一种非常自然又健康的养生方法。

本书所列举的有效成分说明

● 不饱和脂肪酸
热量来源与身体的构成成分，能帮助调节血液里的中性脂肪量与胆固醇量

● 苹果多酚
苹果所含的多酚类成分

● 苹果酸
苹果等食材所含的有机酸，经常与柠檬酸一起存在

● 蔓越莓多酚
蔓越莓所含的多酚类成分

● 迷迭香酸
迷迭香所含的一种多酚，具有稳定情绪与止痛的作用

● 大豆异黄酮
类黄酮的一种，是豆科植物所含的成分，具有类似女性激素的作用

● 蛋白质分解酶
主要用来消化蛋白质的酶

● 单宁酸
含有涩味的水溶性化合物，具有收敛作用，止泻整肠

● 淀粉酶
是一种消化酶，能分解淀粉和肝糖原等物质

● 甜菜碱
植物所含的红色色素成分，具有保湿与强化肝功能的作用

● 黏蛋白
存在于人类黏膜里的糖蛋白，也是山药等食物所含的黏稠成分

● 类黄酮
许多植物所含的色素成分总称，多存在于蔬菜和水果里，即使微量也足以发挥功效，具有强大的抗氧化作用

● 苦瓜蛋白
类黄酮的一种，主要是含在苦瓜里的苦味成分

● 槲皮素
类黄酮的一种，洋葱和苹果所含的黄色色素成分

● 花青素
类黄酮的一种，是红色、蓝色、紫色的色素成分

● 红花苷
红花所含的红色色素成分

● 红花黄色素
红花所含的黄色色素成分

● 姜辣素
生姜所含的香气与辣味成分

● 姜黄素
多酚的一种，姜黄所含的黄色色素成分

● 精油
植物所含具有挥发性的芳香成分，与油脂属于完全不同的物质，不容易溶解于水，却容易溶解于酒精和油脂等物质里

● 茄红素
主要含在番茄和西瓜等食材里的红色色素成分，属于类胡萝卜素家族之一

● 芝麻素
芝麻所含的成分，具有强大的抗氧化作用

● 脂肪分解酶
主要用来消化脂肪的酶

● 查尔酮
类黄酮的一种，主要含在明日叶里的一种
黏稠成分

● 橙皮素
类黄酮的一种，柑橘所含的成分，也是维
生素 P 的一种

● 人参皂苷
五加科植物人参所含的成分，化学构造完
全不同于其他的皂苷

● 皂苷
含有涩味和苦味的发泡成分，具有界面活
性作用与抗氧化作用

● 藏红花素
番红花和栀子果实所含的黄色色素成分，
属于类胡萝卜素家族之一

● 草莓多酚
草莓所含的多酚类成分

● 色氨酸
人体无法自行合成的一种必需氨基酸

● 薏苡酯
薏米所含的成分，具有抗肿瘤的效果

● 叶黄素
与玉米黄素同时存在于人类视网膜里的黄
色色素成分，属于类胡萝卜素家族之一

● 烟碱酸
水溶性维生素的一种

● 维生素 A
多含在胡萝卜、南瓜、橘子等食材里的红色、
黄色色素成分，属于类胡萝卜素家族之一

● 玉米黄素
与叶黄素同时存在于人类视网膜里的黄色
色素成分，属于类胡萝卜素家族之一

● 芸香素
类黄酮的一种，多含在荞麦和柑橘类等食
材里，也是维生素 P 的一种